Untersuchungen aus dem Flußbaulaboratorium
der Technischen Hochschule Karlsruhe

Ebene Grundwasserströmungen mit freier Oberfläche

Von

Dr.-Ing. Max Breitenöder

Regierungsbaumeister

Mit 118 Abbildungen im Text
und im Anhang

Berlin
Springer-Verlag
1942

ISBN-13:978-3-642-89568-5   e-ISBN-13:978-3-642-91424-9
DOI: 10.1007/978-3-642-91424-9

D 90

Vorwort.

Umfassende Versuche haben die wichtigsten theoretischen Grundlagen der Grundwasserbewegung weitgehend geklärt. Als wesentliches Ergebnis steht fest, daß das DARCYsche Gesetz einen großen Gültigkeitsbereich besitzt und daß auf dieser Grundlage mit den Verfahren der Behandlung komplexer Funktionen und mit der Entwicklung der geeigneten Randbedingungen (freie Oberfläche, Sickerstrecke) ebene Grundwasserströmungen mit befriedigender Genauigkeit untersucht werden können.

Im I. Teil der vorliegenden Arbeit sind die theoretischen Grundlagen der Strömungslehre, soweit sie die Grundwasserbewegung betreffen, unter kritischer Angabe des vielfältigen Schrifttums zusammengestellt. Eine von Prof. Dr. WEINIG, Berlin, in der Zeitschrift „Wasserkraft und Wasserwirtschaft" Jg. 31 (1936) H. 13 unter dem Titel „Graphisches Verfahren zur Ermittlung der Sickerströmung durch Staudämme" angedeutete Methode zur Untersuchung von Potentialströmungen wird ausführlich ausgearbeitet und begründet. Da das heutige Schrifttum nur wenige, dem Bauingenieur zusagende Abhandlungen über eine rechnerische oder graphische Lösung von schwierigeren, praktisch interessierenden Potentialströmungen bis zum Endergebnis aufweist, wurde den entwickelten Verfahren ein verhältnismäßig umfangreicher Platz eingeräumt. Diese Verfahren sind im allgemeinen nicht nur bei der Untersuchung von Grundwasserströmungen anzuwenden, sondern auch bei der Betrachtung von Potentialströmungen, die bei Überfallproblemen, in offenen Gerinnen und bei Stauerscheinungen an Pfeilern in Gerinnen mit gewissen Einschränkungen als vorhanden angesehen werden können. Das erwähnte WEINIGsche Verfahren ist insbesondere dann sehr wertvoll, wenn die Randbedingungen nicht in analytischer Form festgelegt werden können. Es ist dies meist und in ausgeprägtem Maße dann der Fall, wenn die Strömungen nicht den Forderungen der klassischen Hydrodynamik entsprechen, sondern durch Formwiderstände, Reibungseinflüsse, Stoßverluste usw. beeinflußt werden und den Gesetzen der Potentialtheorie nicht mehr innerhalb der technisch festgelegten Ränder gehorchen, sondern unter Bildung von Ablösungsgebieten neue Ränder erhalten, die in der Flüssigkeit selbst gebildet werden.

Der II. Teil der Arbeit befaßt sich mit verschiedenen Grundwasserströmungen. Jede einzelne wurde als besonderes Problem ausgesucht und behandelt. Die Lösung der den jeweiligen Randbedingungen entsprechenden LAPLACEschen Differentialgleichung erfolgte mathematisch und graphisch oder, wo eine rein mathematische Behandlung schwierig oder unmöglich wurde, rein graphisch. Als Hauptbeispiele wurden Fälle der Praxis ausgesucht, für die auch Lösungen durch einfachere Näherungen aufgestellt wurden. Die graphisch erhaltenen Ergebnisse sind in den einzelnen Beispielen mit der dritten Dezimale angegeben, der aber keine Genauigkeit zuzumessen ist. Die graphischen Integrationen wurden mit den bekannten Verfahren durchgeführt.

Der III. Teil bringt die Beschreibung einiger Versuche, mit denen die Brauchbarkeit der Verfahren überprüft wird.

Die Abfassung der Arbeit wäre mir nicht ohne das Entgegenkommen von Herrn Prof. Dr.-Ing. H. WITTMANN, Direktor des Flußbaulaboratoriums der Technischen Hochschule Karlsruhe, möglich gewesen, dem ich dafür danke. Herrn Prof. Dr.-Ing. P. Böss, Betriebsleiter des Flußbaulaboratoriums, schulde ich besonderen Dank für die Unterstützung durch seinen wertvollen Rat.

Karlsruhe, im September 1942.

MAX BREITENÖDER.

Inhaltsverzeichnis.

Die Abb. 47—118 sind in einem Bildanhang am Schluß des Buches zusammengefaßt. Bei Verweisungen auf diese Abbildungen wird stets die betreffende Seite dieses Anhanges mit genannt.

Zeichenerklärung.

Bezeichnung der Geschwindigkeit in den verschiedenen Abschnitten der Abhandlung.

Die resultierende Geschwindigkeit wird stets als Vektor bezeichnet ($\bar{v}$, $\bar{\mathfrak{v}}$), wenn diese Eigenschaft nicht durch den komplexen Ausdruck $w = u + iv$ ohne weiteres klargestellt ist. Bei der letzteren Darstellung bedeutet aber v die Geschwindigkeitskomponente in der Ordinatenrichtung. Bei den Isoklinen-Isotachen-Verfahren tritt die Geschwindigkeit als die skalare Geschwindigkeitsgröße eines Strömungspunktes auf in dem Ausdruck $\ln v$.

I. Theoretische Grundlagen der Strömungslehre, unter besonderer Berücksichtigung der Grundwasserbewegung.

A. Die Grundgleichungen.

Eine Bewegung in einer Ebene läßt sich zweckmäßig in die zwei Komponenten parallel zu den beiden Koordinatenachsen zerlegen. Bei stationärer Grundwasserbewegung besteht nach der Erfahrung ein linearer Zusammenhang zwischen dem Standrohrspiegelgefälle und der Filtergeschwindigkeit und auch deren Komponenten. Die Filtergeschwindigkeit ist bei den uns interessierenden Grundwasserströmungen von Punkt zu Punkt verschieden. Sie ist eine von den Randbedingungen abhängige Ortsfunktion.

Wenn s die Richtung der Filtergeschwindigkeit in einem Punkt ist, dann ist ds ein Element der Stromlinie.

Die Standrohrspiegelhöhe h setzt sich zusammen aus der geodätischen Höhe z und der Druckhöhe p/γ [1]. Das Standrohrspiegelgefälle J einer Stromlinie ist gleich dem negativen (aus rechnerischen Gründen) Differentialquotienten von h in der Richtung s:

$$J = -\frac{dh}{ds}.$$

Die Strömung durch das Porengefüge ist im größten Teil des Bereichs laminar, wobei es sich meist um sehr feinkörniges Material handelt. Wir legen daher den gesamten Untersuchungen das von DARCY auf versuchstechnischem Wege ermittelte Gesetz

$$\bar{v} = kJ$$

zugrunde.

k ist der Bodenbeiwert oder die Durchlässigkeitszahl des Bodens. Ihre Dimension ist cm/sec oder m/sec. Wir nehmen bewußt dabei Abweichungen zwischen gerechneten und tatsächlichen Stromlinien an einigen ausgezeichneten Stellen in Kauf. Bei Anwendung eines versuchsmäßig aufzustellenden Widerstandsgesetzes in Potenzform

$$J = a\bar{v} + b\bar{v}^2 \quad \text{oder} \quad \bar{v} = \alpha J^\beta$$

würden die Berechnungen unendlich erschwert. Nach unseren Ausführungen ist:

$$\bar{v} = -k\frac{dh}{ds}.$$

---

[1] Die kinetische Energiehöhe $v^2/2g$ kann im allgemeinen wegen der Kleinheit der Geschwindigkeit vernachlässigt werden. Die Vernachlässigung wird in einigen besonderen Punkten unendlich große Geschwindigkeit in der Rechnung ergeben.

Die Geschwindigkeitskomponenten in den Richtungen der Koordinatenachsen x und y sind u und v. Es ist

$$u = -k\frac{\partial h}{\partial x},$$

$$v = -k\frac{\partial h}{\partial y}$$

Wie wir später sehen werden, entsprechen diese Gleichungen im Aufbau den Grundgleichungen der Potentialfunktionen.

Auf die näheren Zusammenhänge zwischen Grundwasserbewegung und der Potentialbewegung einer idealen Flüssigkeit soll hier nicht eingegangen werden. Wichtig ist das Vorhandensein einer formalen Übereinstimmung der beiden Bewegungserscheinungen. *Wir erhalten dadurch die Möglichkeit, die Potentialtheorie zur Lösung von Grundwasseraufgaben zu verwenden.*

Die Bestimmung der Strömungsformen einer Grundwasserbewegung in feinporigem Material besteht demnach in der Integration der Differentialgleichung von Laplace

$$\frac{\partial^2 h}{\partial x^2} + \frac{\partial^2 h}{\partial y^2} = 0.$$

Wir müssen jene Lösung dieser Gleichung aufsuchen, die den besonderen Randbedingungen der jeweiligen Aufgabe entspricht.

Schrifttum. FORCHHEIMER, PH.: Hydraulik. Leipzig: Teubner 1930. — DACHLER, R.: Grundwasserströmung. Berlin: Springer 1936 (mit weiteren Quellen). — EHRENBERGER, E.: Z. öst. Ing.- u. Archit.-Ver. 1928 H. 9/10 insbes. S. 74.

B. Allgemeine Möglichkeiten zur Lösung der Laplaceschen Gleichung.

1. Die mathematischen Verfahren.

Wir verwenden zur Lösung der Differentialgleichung von Laplace die Hilfsmittel, die uns die Funktionentheorie zur Verfügung stellt. Doch sind die Verfahren der angewandten Mathematik noch nicht so weit durchgebildet, daß alle in der vorliegenden Abhandlung durchzuführenden Beispiele exakt mathematisch gelöst werden könnten. Nicht allein, daß die erforderlichen Transformationen oft mittels elliptischer und ähnlicher Modulfunktionen unter großen Schwierigkeiten (schon rein zeitlich) erfolgen müssen, sondern es stehen fast unüberwindliche Hemmnisse entgegen, die nur mit Hilfe des KOEBEschen Schmiegungsverfahrens beseitigt werden könnten.

Unter einfachen Verhältnissen aber lassen sich bei Grundwasserströmungen mit freier Oberfläche Mittel und Wege zur unmittelbaren (mathematischen) Lösung der Laplaceschen Gleichung finden.

Das wertvollste Hilfsmittel der Funktionentheorie für unsere Aufgaben ist die Theorie der *konformen Abbildung*. Die konformen Abbildungen werden hergestellt durch *komplexe Funktionen*. Zwischen diesen komplexen Funktionen und den *Potentialfunktionen* bestehen eigentümliche Beziehungen. Diese Beziehungen fußen letzten Endes darin, daß in beiden Klassen von Funktionen

1. die Differentialgleichungen von Cauchy-Riemann

$$\frac{\partial \varphi}{\partial x} = \frac{\partial \psi}{\partial y}, \qquad \frac{\partial \varphi}{\partial y} = -\frac{\partial \psi}{\partial x},$$

$$\frac{\partial x}{\partial \varphi} = \frac{\partial y}{\partial \psi}, \qquad \frac{\partial x}{\partial \psi} = -\frac{\partial y}{\partial \varphi}$$

und 2. die schon erwähnte und aus den Cauchy-Riemannschen Gleichungen herzuleitende Laplacesche Differentialgleichung einerseits auf Grund rein mathematischer Überlegungen, andererseits auf Grund rein physikalischer Überlegungen gewonnen werden können.

Das wesentliche Merkmal konformer Abbildungen ist, daß durch eine analytische Funktion die Gebilde einer Ebene auf die andere Ebene so abgebildet werden, daß einander entsprechende Winkel gleich sind. Eine solche Abbildung heißt winkeltreu oder konform, weil in den beiden Abbildungsebenen einander entsprechende, unendlich kleine Gebilde infolge der Winkeltreue geometrisch ähnlich sind.

Wir betrachten nun die für die konforme Abbildung besonders geeignete Art von Funktionen.

Komplexe Funktionen.

Die allgemeine komplexe Größe wird dargestellt durch

$$z = x + iy$$

und ist durch Festlegung der reellen Zahlen x und y bestimmt. Trägt man den Wert x auf der x-Achse, den Wert y auf der y-Achse eines rechtwinkligen Systems auf, so ist durch einen Punkt P der x, y- oder z-Ebene eine komplexe Zahl dargestellt. Die Darstellung bedient sich also durchaus der vom reellen Zahlengebiet her geläufigen Methode. Im reellen Zahlengebiet wird allerdings eine Zahl durch einen Punkt auf einer Linie von 0 aus aufgetragen. Im komplexen Zahlengebiet wird eine Zahl durch einen Punkt in der komplexen Ebene dargestellt. Oder umgekehrt stellt ein Punkt in der Ebene einen ganz bestimmten komplexen Wert dar.

Die Darstellung der komplexen Größen durch Punkte in der Ebene, welche durch die reellen Werte x und y festgelegt werden, gestattet, mit komplexen Größen Rechnungsoperationen vorzunehmen, deren Durchführung graphisch verfolgt werden kann.

Man kann eine komplexe Zahl zu einer anderen Komplexen addieren oder die beiden voneinander subtrahieren, die beiden miteinander multiplizieren oder durcheinander dividieren.

Wenn die Summanden usw. in einer Ebene x, y als Punkte dargestellt waren, kann die Summe usw. in einer neuen Ebene φ, ψ als Punkt aufgetragen werden.

Man kann von einer komplexen Zahl den reziproken Wert bilden, man kann sie potenzieren, logarithmieren, den sin, $\mathfrak{Cof}$ usw. von ihr bilden. Der von dem Punkt der x, y-Ebene neugebildete Wert wird als Zahl in der φ, ψ-Ebene aufgetragen. Ist in der x, y-Ebene an Stelle des einzelnen Punktes eine auf einer beliebigen Geraden oder Kurve liegende Punktfolge durch eine entsprechende Folge komplexer Zahlen, oder sind mehrere Geraden oder Kurven gegeben, so kann man obige Rechenprozesse durchführen und erhält in der φ, ψ-Ebene eine oder mehrere neue Punktfolgen, deren entsprechende Verbindungen neue Kurven darstellen. Die Kurven in beiden Ebenen stehen in dem Zusammenhang derjenigen Funktion, mit der eben die Transformation von der x, y-Ebene auf die φ, ψ-Ebene vollzogen wurde. Die verwendeten Funktionen müssen in dem betrachteten Bereich analytisch sein, d. h. stetig sein und für alle Punkte stetige Ableitungen besitzen.

Es sei
$$\varphi + i\psi = f(x + iy),$$

wobei φ und ψ reelle Größen sind. Dann bedeutet φ den reellen, $i\psi$ den imaginären Teil von $f(x + iy)$. Für den weiteren Teil unserer Untersuchungen wollen wir festlegen, daß in der x, y-Ebene nur Orthogonal-Trajektorien auftreten sollen. An und für sich könnten alle möglichen Linien in der x, y-Ebene vorhanden sein. Aus mathematischem Interesse könnte man sie auch mit der Funktion f in die φ, ψ-Ebene transformieren. Aber für die weiter zu verfolgenden physikalischen Betrachtungen der Potentialbewegung kommen eben nur die Orthogonal-Trajektorien in Frage, was später ohne weiteres ersichtlich wird. Wir verfolgen jetzt einen rein mathematischen Prozeß:

Durch partielle Differentiation erhält man:

aus
$$\xi = \varphi + i\psi = f(z) = f(x + iy),$$

$$\frac{\partial(\varphi + i\psi)}{\partial x} = \frac{d(\varphi + i\psi)}{d(x + iy)} \frac{\partial(x + iy)}{\partial x} = \frac{d(\varphi + i\psi)}{d(x + iy)},$$

da
$$\frac{\partial(x + iy)}{\partial x} = 1 \quad \text{ist,}$$

$$\frac{\partial(\varphi + i\psi)}{\partial y} = \frac{d(\varphi + i\psi)}{d(x + iy)} \frac{\partial(x + iy)}{\partial y} = i \frac{d(\varphi + i\psi)}{d(x + iy)},$$

da
$$\frac{\partial(x + iy)}{\partial y} = i$$

ist. Demnach ist:

$$\frac{\partial(\varphi + i\psi)}{\partial y} = i \frac{\partial(\varphi + i\psi)}{\partial x},$$

$$\frac{\partial\varphi}{\partial y} + i\frac{\partial\psi}{\partial y} = i\frac{\partial\varphi}{\partial x} + i\frac{\partial(i\psi)}{\partial x} = i\frac{\partial\varphi}{\partial x} - \frac{\partial\psi}{\partial x}.$$

Da die reellen Teile links den reellen rechts, die imaginären links den imaginären rechts gleich sein müssen, ist

$$\frac{\partial\varphi}{\partial x} = \frac{\partial\psi}{\partial y}, \qquad \frac{\partial\varphi}{\partial y} = -\frac{\partial\psi}{\partial x}.$$

Das sind die Cauchy-Riemann*schen Differentialgleichungen.* Partielle Differentiation der beiden Gleichungen nach x bzw. y liefert:

$$\frac{\partial^2\varphi}{\partial x^2} = \frac{\partial\frac{\partial\psi}{\partial y}}{\partial x} \quad \text{und} \quad \frac{\partial^2\varphi}{\partial y^2} = -\frac{\partial\frac{\partial\psi}{\partial x}}{\partial y} = -\frac{\partial\frac{\partial\psi}{\partial y}}{\partial x},$$

hieraus
$$\frac{\partial^2\varphi}{\partial x^2} + \frac{\partial^2\varphi}{\partial y^2} = 0.$$

Das ist die Laplace*sche Differentialgleichung.* Entsprechend gilt:

$$\frac{\partial^2\psi}{\partial x^2} + \frac{\partial^2\psi}{\partial y^2} = 0.$$

Diese Ergebnisse sind durch rein mathematische Überlegungen abgeleitet.

Übertragen wir also die festliegenden Orthogonal-Trajektorien der z-Ebene durch eine Funktion auf die ξ-Ebene, so erhalten wir in der konformen Abbildung wieder Linien, und zwar wieder Orthogonal-Trajektorien, wegen der winkeltreuen Abbildung. Ein Beweis, daß die Winkel unverändert übertragen werden, kann in diesem Rahmen nicht gegeben werden.

Die Trajektorien stehen in den beiden Abbildungsebenen zueinander im Verhältnis:

$$\varphi + i\psi = f(x + iy).$$

Insbesondere muß es eine ganz bestimmte Funktion geben, die die Orthogonal-Trajektorien der z-Ebene auf die ξ-Ebene als *exakte* Rechtecke abbildet, so daß dort die einzelnen Linien achsparallele Gerade geben. Das Aufsuchen dieser Funktion bedeutet nichts anderes, als die LAPLACEsche Differentialgleichung so zu lösen, daß die integrierte Gleichung zerlegt werden kann in:

$$\varphi = \varphi(x, y), \qquad \psi = \psi(x, y),$$
$$i\psi = 0; \qquad \varphi = 0;$$

$$x = x(\varphi, \psi), \qquad y = y(\varphi, \psi),$$
$$iy = 0; \qquad x = 0,$$

$\varphi = \varphi(x, y)$ heißt: φ gleich Funktion von x und y. Man kann dann aus der ξ-Ebene den Wert φ einer bestimmten betrachteten Linie der Schar als konstant herausgreifen, weil die Linie als Achsparallele immer einen konstanten Abszissenwert hat. Der Koordinatenwert ist dabei immer $= 0$. Diesen konstanten Wert führt man in die Gleichung ein und hat damit eine Gleichung, in der x und y als Veränderliche vorkommen. D. h. diese Gleichung legt die Kurve, die das Bild der φ-Linie ist, in der z-Ebene fest. Das gleiche gilt für den Wert ψ. Die beiden unteren Gleichungen legen achsparallele Gerade der z-Ebene als Kurven in der ξ-Ebene fest. Der Fall interessiert uns im besonderen weniger. φ und ψ durchwandern nun alle die konstanten Werte des Netzes der ξ-Ebene. Mit der Funktion, die aus der Integration der LAPLACEschen Gleichung gewonnen wurde, wird dann das Netz der z-Ebene gewonnen. Der Gang einer solchen Integration der Differentialgleichung von LAPLACE über den Weg einer konformen Abbildung wird später an Beispielen gezeigt.

Potentialfunktionen.

Wir betrachten eine Strömung in einer x, y-Ebene. In einem bestimmten Punkt der Strombahn s sei die Geschwindigkeit $\bar{v}$. Die achsparallelen Geschwindigkeitskomponenten seien u und v. Wenn es sich um eine Potentialströmung (verlustlose Strömung) handelt, muß

$$\bar{v} = \frac{d\varphi}{ds},$$

$$u = \frac{\partial \varphi}{\partial x},$$

$$v = \frac{\partial \varphi}{\partial y} \quad \text{sein.}$$

φ ist nach HELMHOLTZ das Geschwindigkeitspotential der Strömung an der betrachteten Stelle. In der Grundwasserströmung wird der abstrakte Begriff des Geschwindigkeitspotentials durch den negativen k-fachen Wert der Standrohrspiegelhöhe für den betrachteten Punkt dargestellt.

Die beiden Grundlagen der Potentialströmung sind

1. die Kontinuität der Strömung,
2. die wirbelfreie Strömung.

Zu 1. Wir betrachten ein Flüssigkeitsteilchen von den Abmessungen dx, dy und der Tiefe 1 normal zur Ebene (Abb. 1). Strömungen sind nur in der Ebene vorausgesetzt.

Bei OA und OB strömt die Flüssigkeit in das Element und tritt bei AC und BC wieder heraus. Die Geschwindigkeiten des Eintritts sind u und v, sie ändern sich beim Austritt in $u + \dfrac{\partial u}{\partial x}\,dx$ und $v + \dfrac{\partial v}{\partial y}\,dy$.

Es strömt in das Element die Flüssigkeitsmenge

$$dx\,v + dy\,u,$$

während die ausströmende Flüssigkeitsmenge

$$dx\left(v + \frac{\partial v}{\partial y}\,dy\right) + dy\left(u + \frac{\partial u}{\partial x}\,dx\right)$$

beträgt.

Soll die Kontinuität gewahrt sein, muß der Unterschied zwischen eintretender und austretender Flüssigkeitsmenge Null sein.

Also
$$dx\,\frac{\partial v}{\partial y}\,dy + dy\,\frac{\partial u}{\partial x}\,dx = 0,$$

$$\frac{\partial u}{\partial x} + \frac{\partial v}{\partial y} = 0.$$

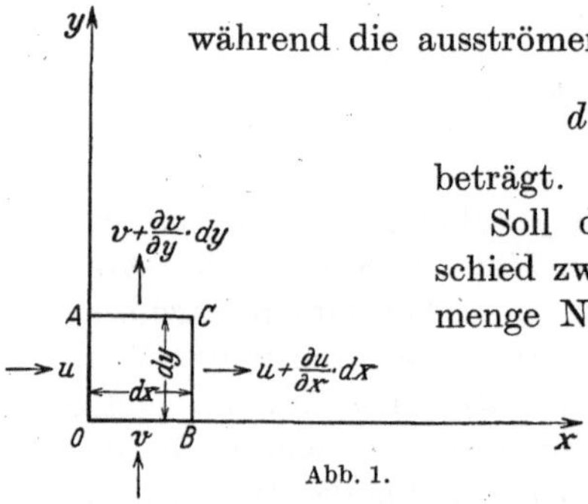

Abb. 1.

Diese Gleichung stellt die Kontinuitätsbedingung für die ebene Potentialströmung dar.

Zu 2. Wir betrachten wieder ein Flüssigkeitsteilchen von den Abmessungen dx, dy und der Tiefe 1 senkrecht zur Ebene (Abb. 2). Die Geschwindigkeiten in der x-Richtung seien u, in der y-Richtung v. Wir nehmen an, das Element erfahre eine Drehbewegung. Dann wäre die Zunahme der Geschwindigkeit v längs der x-Achse als Zentrifugalbeschleunigung $\dfrac{\partial v}{\partial x}\,dx$. Diese bewirkt ein Drehmoment gegen den Uhrzeigersinn. Ebenso bewirkt der Geschwindigkeitszuwachs von u längs der y-Richtung ein Drehmoment im Uhrzeigersinn. Da ja in einer Potentialströmung keine Wirbel entstehen können, was vorausgesetzt wurde, müssen die Winkelgeschwindigkeiten der angenommenen Drehbewegung einander gleich sein.

$$\frac{\dfrac{\partial u}{\partial y}\,dy}{dy} = \frac{\dfrac{\partial v}{\partial x}\,dx}{dx},$$

$$\frac{\partial u}{\partial y} - \frac{\partial v}{\partial x} = 0.$$

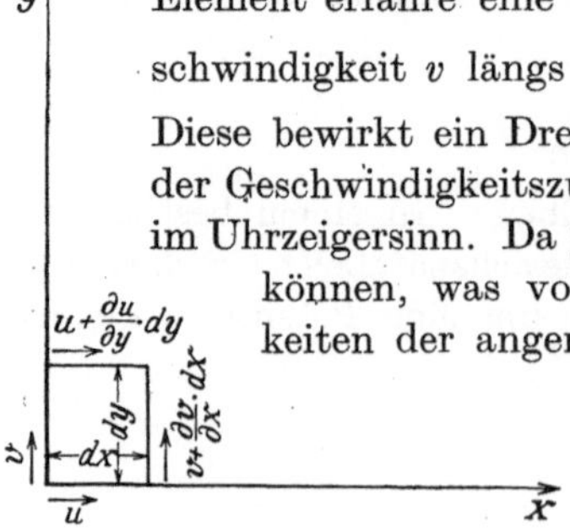

Abb. 2.

Diese Gleichung nennt man die Gleichung der Wirbelfreiheit für die ebene Potentialströmung.

Es muß nun sein:

$$u = \frac{\partial \varphi}{\partial x},$$

$$v = \frac{\partial \varphi}{\partial y},$$

da beim Einsetzen dieser Werte in die Gleichung der Wirbelfreiheit diese erfüllt wird. Das ergibt durch Einsetzen die Kontinuitätsgleichung zu:

$$\frac{\partial^2 \varphi}{\partial x^2} + \frac{\partial^2 \varphi}{\partial y^2} = 0 .$$

Das entspricht im Aufbau der schon erwähnten LAPLACE*schen Gleichung.* Die Gleichung selbst ist aus rein physikalischen Überlegungen gewonnen. Aus der LAPLACEschen Gleichung können rückwärts die CAUCHY-RIEMANNschen Differentialgleichungen erhalten werden.

Wir erinnern uns, daß bei den komplexen Funktionen war

$$\varphi = \varphi(x, y).$$

Demnach ist das Potential eine Funktion der Ortskoordinaten x und y des betrachteten Strömungspunktes. Wenn φ konstant ist, erhalten wir aus der Funktion $\varphi = \varphi(x, y)$ die Gleichung einer Kurve in der z-Ebene. Auf dieser Kurve ist das Geschwindigkeitspotential konstant. Man nennt solche Kurven Äquipotentialkurven, Potentialkurven oder Niveaukurven.

Läßt man φ in der ξ-Ebene eine Reihe (insbesondere mit gleichen wertmäßigen und streckenmäßigen Intervallen) von Werten annehmen, so stellt

$$\varphi = \varphi(x, y)$$

eine Schar (insbesondere mit gleichen wertmäßigen, *nicht* streckenmäßigen Intervallen) solcher Äquipotentiallinien in der z-Ebene dar.

Der oben erläuterte Begriff des Potentials und der von ihm erzeugten Geschwindigkeiten läßt darauf schließen, daß die Geschwindigkeit der Flüssigkeitsteilchen in Richtung der Tangente an die Potentiallinie = Null ist, weil ja dort

$$\mathfrak{v} = \frac{d\varphi}{ds} = 0$$

wird, da $d\varphi = 0$ auf der Potentiallinie ist. Es ist dort $\varphi = $ const und $d\varphi$ demnach als Zuwachs oder Abnahme Null.

In allen anderen Richtungen ist die Geschwindigkeit nicht $= 0$. Die Richtung der resultierenden Geschwindigkeit muß senkrecht zur Potentiallinie gerichtet sein, weil die Orthogonale den kürzesten Weg zur nächstwertigen Potentiallinie darstellt und damit auf dem relativ kürzesten Weg das Potential um $d\varphi$ vermindert wird. (Analogie: an einer schiefen Ebene [hier Strömungsbereich] ist die größte Geschwindigkeit [hier Potentialabfall nach Weg] senkrecht zu den Höhenlinien [hier Potentiallinien]; diese Richtung ist die Fallinie [hier Stromlinie]. Der Weg eines Flüssigkeitsteilchens ist also durch die Linie gegeben, die die Potentiallinien senkrecht schneidet. Man nennt diese Linie Stromlinie. Ihr kommt der Wert $\psi = $ const zu, weil sie die konstante Größe des links oder rechts von ihr im Bereich fließenden Stromes wertmäßig angibt. Läßt man den Wert ψ eine Reihe [insbesondere mit gleichen wertmäßigen *und* streckenmäßigen Intervallen] von Werten der ξ-Ebene annehmen, so erhalten wir eine Schar [insbesondere von wertmäßigen, *nicht* streckenmäßigen Intervallen] solcher Stromlinien in der z-Ebene.

Es wurde hier schon stillschweigend der Begriff einer Transformation von einer ξ-Ebene auf eine z-Ebene erwähnt, wie dies bei der konformen Abbildung durch komplexe Funktionen vorkommt. Eine nähere Erklärung folgt noch, aber das beidermalige Auftreten der Laplaceschen Gleichung läßt diese Analogie fast ohne Erklärung zu.

Man hat also in der z-Ebene eine Kurvenschar

$$\varphi = \varphi(x, y) ;$$

(φ Ortsfunktion der Punktkoordinaten einer Potentiallinie), hierauf senkrecht stehend ebenfalls eine Kurvenschar. Nach den Ergebnissen bei den komplexen Funktionen kann diese nur dargestellt werden durch die Funktion

$$\psi = \psi(x, y);$$

(ψ Ortsfunktion der Punktkoordinaten einer Stromlinie).

Damit sind φ und ψ eindeutig zu erklären als die reellen Teile einer komplexen Größe

$$\xi = \varphi + i\psi.$$

Die Kurvenscharen bilden miteinander krummlinige Rechtecke; bei gleichen wertmäßigen Intervallen sind es in der ξ-Ebene mit seinen exakten Rechtecken und gleichen Ordinaten- wie Abszissenmaßstäben streckenmäßig Quadrate. Infolge der konformen Abbildung mit der komplexen Funktion sind es damit in der z-Ebene krummlinige Quadrate. In der ξ-Ebene müssen es deshalb exakte Rechtecke bzw. Quadrate sein, weil die Funktionen

$$\varphi = \varphi(x, y) \qquad \psi = \psi(x, y)$$

auf Grund rein physikalischer Überlegungen gewonnen wurden, ihr Aufbau aber den besonderen Lösungen der Laplaceschen Differentialgleichung entspricht, bei der die Funktion ermittelt worden war, die ein exaktes Rechteck auf krummlinige Rechtecke abbildet.

Mit anderen Worten ausgedrückt: Betrachten wir die (φ, ψ)- oder ξ-Ebene. Die dort auftretenden Orthogonal-Trajektorien sind exakte achsparallele Rechtecke, da ja φ und ψ eine Reihe konstanter Werte durchlaufen sollen. Die Gleichungen der Trajektorien lauten für die ξ-Ebene

$$\varphi = \text{const}, \qquad \psi = \text{const}.$$

Wählen wir die Intervalle wertmäßig und hier auch streckenmäßig gleich, dann erhalten wir an Stelle der Rechtecke Quadrate.

φ nimmt im allgemeinen Werte an von Null bis $\pm$ Unendlich oder einem endlichen Wert und wird bei der Grundwasserströmung durch den k-fachen Wert der Standrohrspiegelhöhen dargestellt. Alle Punkte gleichen Potentials haben gleiche Standrohrspiegelhöhe.

ψ nimmt Werte an zwischen Null und einem endlichen Wert und gibt die Größe des Stromes an.

Wir verschaffen uns durch Messungen das Quadratgebilde der Grundwasserströmung (Messen der Standrohrspiegelhöhen und Färben der Stromlinien gleichen

Wertes). Dann muß eine bestimmte komplexe Funktion

$$\varphi + i\psi = f(x + iy)$$

bestehen, die das Quadratgebilde der z-Ebene auf das exakte Quadratgebilde der ξ-Ebene überträgt.

Da wir aber im allgemeinen das Quadratgebilde der Grundwasserströmung eben nicht kennen, sondern im Gegenteil, ohne Versuche anzustellen, erst suchen, müssen wir noch den Hauptsatz der Funktionentheorie von CAUCHY heranziehen, der besagt:

„Eine analytische Funktion im Innern eines Bereichs ist vollständig bestimmt durch die Randbegrenzung des Bereichs."

Wenn uns also die analytischen Randbegrenzungen des Grundwasserströmungsbereichs bekannt sind, ist es uns möglich — ohne Kenntnis der Strom- und Potentiallinien im Innern des Bereichs, d. h. ohne Versuch —, diesen Rand mittels funktionentheoretischer Untersuchungen auf ein rechteckiges Gebiet abzubilden. Mit der gleichen Funktion, die den Rand überträgt, werden ja auch alle übrigen Linien übertragen.

Dieses Übertragen des Randes braucht nicht unmittelbar auf den Rechtecksrand erfolgen. Man kann des öfteren diesen Rand zuerst auf einen andern, nicht rechteckigen Rand und nach verschiedenen Zwischenübertragungen erst auf den Rechtecksrand abbilden, wenn diese einzelnen Schritte leicht erfolgen können. Bei diesem Vorgehen wird die Funktion gewonnen, die Strom- und Potentialfunktionsebene (Rechtecksebene, (φ, ψ)- oder ξ-Ebene) mit der Grundwasserströmungsebene (x, y- oder z-Ebene) verbindet.

Das Nähere wird bei den einzelnen Beispielen erläutert. Als Ergebnis ist festzuhalten:

Komplexe Funktionen und Potentialfunktionen entsprechen sich im Aufbau vollständig. Dadurch können wir die in der Funktionentheorie entwickelten Verfahren zur Lösung der LAPLACEschen Gleichung auf dem Weg über die durch komplexe Funktionen hergestellten konformen Abbildungen für die Potentialfunktionen verwenden.

Schrifttum. KAUFMANN, W.: Angewandte Hydromechanik. Berlin 1931. — ROTHE-OLLENDORF-POHLHAUSEN: Funktionentheorie und ihre Anwendung in der Technik. Berlin: Springer 1931. — OSGOOD, W. F.: Funktionentheorie Bd. 1, 2. Aufl. Berlin u. Leipzig 1912. — HOLZMÜLLER, G.: Einführung in die Theorie der isogonalen Verwandtschaften und der konformen Abbildungen. Leipzig 1882. — RIEMANN-WEBER: Die Differentialgleichungen und Integralgleichungen der Mechanik und Physik. Braunschweig 1930 u. 1935. — KLEIN-FRICKE: Gesammelte mathematische Abhandlungen Bd. 3. Berlin: Springer 1923. — Theoretische und praktische Beispiele: HAMEL, G.: Über Grundwasserströmung. Z. angew. Math. Mech. Bd. 14 (1934) H. 3. — HAMEL, G., u. E. GÜNTHER: Numerische Durchrechnungen hierzu. Z. angew. Math. Mech. Bd. 15 (1935) H. 5. — ROSSBACH, H. F.: Über Grundwasserströmungen. Ing.-Arch. Bd. 7 (1936) H. 1 u. 5 — Über eine ebene Potentialströmung. Mh. Math. Phys. Bd. 45.

2. Die graphischen oder Netzverfahren.

Wenn die Randbedingungen der Grundwasserströmung bekannt sind, kann mit Hilfe des Netzverfahrens eine allerdings nichtexakte, aber doch einfache Lösung gefunden werden.

Das Verfahren muß angewendet werden, wenn die Randbedingungen analytisch nicht darstellbar sind. Das Grundsätzliche des Netzverfahrens besteht in der zweckmäßigen Auswertung der geometrischen Beziehungen, die das Strömungsbild jeder Potentialströmung auszeichnen.

Mit anderen Worten, es ist in das Gebiet das Quadratnetz der Strom- und Potentiallinien durch Probieren einzuzeichnen.

Schrifttum. PRASIL, FR.: Technische Hydrodynamik, S. 56 ff. Berlin: Springer 1926. — DACHLER, R.: Grundwasserströmung, S. 125. Berlin: Springer 1936.

3. Die versuchstechnischen Verfahren.

Es kommen hier vor allem der Filterversuch im Modell oder das elektrische Verfahren in Frage.

Wenn die Randbedingungen für die Stromlinien bekannte (feste) sind, sind beide Verfahren mit gutem Erfolg anzuwenden.

Wenn aber eine Randstromlinie zugleich freie Oberfläche ist, gibt das erste Verfahren an der freien Oberfläche schwer meßbare Bilder und verursacht für brauchbare Ergebnisse einen verhältnismäßig großen Aufwand an Betriebseinrichtungen. Die Auswertung der Meßergebnisse bedarf meist noch verschiedener Verbesserungen, damit man ein Strömungsbild nach der Potentialtheorie erhält.

Das zweite Verfahren ist bei Strömungen mit freier Oberfläche unmittelbar überhaupt nicht anzuwenden, mittelbar meist nur näherungsweise (Sickerstrecke).

Schrifttum. DACHLER, R.: Grundwasserströmung. Berlin: Springer 1936. — HOFFMANN, R.: Grundwasserströmung unter Wehren. Diss. Techn. Hochschule Karlsruhe. — CASAGRANDE, L.: Näherungsverfahren zur Ermittlung der Sickerung in geschütteten Dämmen auf undurchlässiger Sohle. Bautechn. 1934 H. 15. — EHRENBERGER, R.: Versuche über die Ergiebigkeit von Brunnen und Bestimmung der Durchlässigkeit des Sandes. Z. öst. Ing.- u. Archit.-Ver. 1928 H. 9/14.

C. Besondere Möglichkeiten zur Lösung der LAPLACEschen Gleichung.

Bei der Ermittlung der Potentialströmung nach den Verfahren B 1, 2, 3 erhält man Strömungsbilder, aus denen man die Geschwindigkeitsverteilung im Strömungsbild durch umständliche und meist nur wenig genaue Differentiation ermitteln muß.

Diese Geschwindigkeitsermittlung erfolgt dort folgendermaßen: Es verhält sich zahlenmäßig im Quadratnetz der Strömung:

$$\frac{d\varphi}{ds} = \frac{d\psi}{dn}$$

(Ableitung aus CAUCHY-RIEMANNscher Gleichung);

ds = Abstand zweier Potentiallinien in Richtung der Stromlinie eines Quadrates. (Gemessen in der Längeneinheit.)

dn = Abstand zweier Stromlinien in Richtung der Potentiallinie. (Gemessen in der Längeneinheit.)

Der Differentialquotient des Potentials in der Stromlinienrichtung ist aber gleich $\bar{v}$, also

$$d\psi = \frac{d\varphi}{ds}\, dn = \bar{v}\, dn,$$

d. i. gleich dem Durchfluß zwischen den beiden Stromlinien. Andererseits ist

$$\bar{v} = \frac{d\psi}{dn} \approx \frac{\Delta\psi}{\Delta n} \, .$$

Wenn also aus einem Quadrat $\Delta\psi$ als Durchfluß und Δn als Strecke entnommen wird, so kann man für das entsprechende Quadratfeld der Strömungsebene

$$\bar{v}_m = \frac{\Delta\psi}{\Delta n}$$

errechnen, das um so genauer wird, je feiner das Quadratnetz eingeteilt ist. Die relative Größe des Quadrates gibt einen Anhaltspunkt für die Größe der Geschwindigkeiten. Kennt man in irgendeinem Punkt des Netzes die tatsächliche Geschwindigkeit, so kann man durch die verschiedenen Größen der Quadrate an anderen Punkten die dortige Geschwindigkeit ermitteln. Ist an einem Punkt des Quadrates mit der Seitenlänge dn_a die Geschwindigkeit $\bar{v}_a$ bekannt, so ist sie im Mittel an den Punkten des Quadrates mit der Seitenlänge dn_b

$$|\bar{v}_b| = \bar{v}_a \frac{dn_a}{dn_b} \quad \text{(Kontinuität)}.$$

Die Größe ist skalar, die Richtung wird durch die Richtung der Stromlinie an dem betreffenden Punkt gegeben.

Je größer ein Quadrat ist, um so länger ist der Weg, auf dem das Potential um seine konstante Wertdifferenz abnimmt. Es erzeugt damit eine kleinere Geschwindigkeit als bei kleineren Weglängen.

In singulären Punkten ist die Abbildung nicht mehr winkeltreu. Man erhält dort keine rechten Winkel mehr. Aus dem Verschwinden der Winkeltreue an einer Stelle eines Strömungsgebietes kann immer auf ein besonderes Verhalten, Null- oder Unendlichwerden der Geschwindigkeit geschlossen werden.

Es wird nun im folgenden ein Verfahren entwickelt, das diese Geschwindigkeitsverteilung im Strömungsfeld ergibt, bevor das Strom- und Potentialliniennetz endgültig bekannt ist. Vorhanden sein müssen nur sämtliche Randbegrenzungen. Diese brauchen keine analytisch festgelegten Linien zu sein.

Das Verfahren kann zwischen das rein mathematische und rein graphische Verfahren eingereiht werden.

Der große Vorteil dieses Verfahrens besteht aber nicht allein in der raschen und primären Geschwindigkeitsermittlung, sondern darin, daß mit sehr großer Genauigkeit Strom- und Potentialliniennetze aufgestellt werden können, wenn für deren Bestimmung alle übrigen Verfahren versagen.

1. Der Hodograph.

(Die Theorie der Methode, ohne Verwendung des für dieses Verfahren erst später aus der Kinematik übernommenen Begriffs „Hodograph", wurde von KIRCHHOFF entwickelt.)

Vorbemerkung. Die im Schrifttum oft üblichen Darstellungen von Problemen aus der Potential- und Strömungslehre stammen vielfach von stark mathematisch eingestellten Verfassern, wodurch den meisten Ingenieuren das Verständnis erschwert wird. Es werden dabei oft in abstrakter Weise Funktionen aufgestellt, deren Bedeutung der Ingenieur nicht genügend einschätzen kann, weil er keine

Stromlinien, d. h. keine praktische Anwendung dabei sieht. Im Hodographenverfahren dagegen treten Strom- und Potentiallinien in konkreter Form in Erscheinung, wobei dieses sich aber grundsätzlich von der abstrakten Methode in nichts unterscheidet. Da nun der Hodograph wieder als Strömungsfeld aufgefaßt werden kann, kann die dortige Strömung mit den sonst hierfür geeigneten Methoden und Verfahren weiter behandelt werden (Quell-Senken-Methode, elektrisches Verfahren oder das in der Folge zu entwickelnde Verfahren). Es erhebt sich hier die Frage, warum man nicht mit diesen Methoden in der Grundwasserströmung die ursprüngliche Strömungsebene selbst untersucht; die Antwort hierauf ist die, daß Randbedingungen, die in der ursprünglichen Ebene noch unbekannt sind, auf Grund physikalischer Gesetze im Hodograph bekannt sind.

Als Ergebnis halten wir fest:

Infolge der Verwendung mancher unübersichtlicher Zwischenumformungen bleibt das Hodographenverfahren anschaulicher und dem Ingenieur zusagender.

Erläuterung des Begriffs „Hodograph".

Die Potentialströmung kann durch die komplexe Potentialfunktion

$$\xi = \varphi + i\psi \tag{1}$$

in Abhängigkeit von der komplexen Koordinate

$$z = x + iy \tag{2}$$

dargestellt werden:

$$\varphi + i\psi = f(x + iy),$$
$$\xi = \xi(z)$$

(φ = Potential-, Niveaufunktion; ψ = Stromfunktion)

(x und y Koordinaten in der Strömungsebene).

Wenn u und v die Geschwindigkeitskomponenten in Richtung der x- bzw. y-Achse im Punkte z sind, so ist

$$w = u - iv = \frac{\partial \xi}{\partial z}. \tag{3}$$

Jede Funktion $\xi = \xi(z)$ oder $z = z(\xi)$, die eine winkeltreue Abbildung aller Gebilde in der ξ-Ebene auf die z-Ebene oder umgekehrt vermittelt, muß als differenzierbar vorausgesetzt werden. Bildet man die erste Ableitung von ξ nach z, also

$$\frac{d\xi}{dz} = w = f'(z),$$

dann ist auch w eine Funktion von z und vermittelt eine winkeltreue Abbildung zwischen der w-Ebene und der z-Ebene. Nach den Regeln über das Differenzieren zusammengesetzter Funktionen ist aber

$$\frac{\partial \xi}{\partial x} = \frac{d\xi}{dz}\,\frac{\partial z}{\partial x} \quad \text{und wegen} \quad \frac{\partial z}{\partial x} = 1,$$

$$w = \frac{d\xi}{dz} = \frac{\partial \xi}{\partial x} = \frac{\partial(\varphi + i\psi)}{\partial x} = \frac{\partial \varphi}{\partial x} + i\frac{\partial \psi}{\partial x}. \tag{4}$$

Betrachtet man φ als die Niveaufunktion und ψ als die Stromfunktion einer ebenen Potentialbewegung in der z-Ebene, dann ist $\frac{\partial \varphi}{\partial x} = u$, d. h. gleich der Geschwindigkeitskomponenten in der x-Richtung und $\frac{\partial \psi}{\partial x} = -v = -\frac{\partial \varphi}{\partial y}$, d. h. gleich dem negativen Wert der Geschwindigkeit in der y-Richtung und daher

$$w = u - iv = \frac{\partial \xi}{\partial z}. \tag{5}$$

Dies ist aber eine analytische Funktion von z, da ja ξ eine solche ist. Wenn wir daher in einer neuen Abbildung, der w-Ebene, zu jedem Punkt z der z-Ebene einen Punkt w eintragen, so gehen Linienzüge der z-Ebene in Linienzüge der w-Ebene über und sind wegen des analytischen Charakters der Abbildungsfunktion konform zueinander.

Wenn wir also z. B. ein Netz von Strom- und Potentiallinien ($\psi = $ const; $\varphi = $ const) der z-Ebene (Strömungsebene) in dieser Weise auf die w-Ebene übertragen, so erhalten wir eine konforme Abbildung derselben. Man nennt diese spezielle Abbildung mittels des Geschwindigkeitsvektors w den „Hodograph".

Der Geschwindigkeitsvektor der Strömung ist eigentlich

$$w' = u + iv, \tag{6}$$

w ist also der zur Geschwindigkeit konjugierte Vektor oder, mit anderen Worten, w entsteht aus w' durch Spiegelung an der x-Achse. Man bezeichnet sowohl die Abbildung der Strömung durch ihr Geschwindigkeitsfeld $w' = u + iv$ als auch die dazu spiegelbildliche durch $w = u - iv$ als Hodograph. Im Interesse einer eindeutigen Ausdrucksweise bei der mathematischen Behandlung wollen wir in der vorliegenden Abhandlung die Bezeichnung „Hodograph" auf die Abbildung w beschränken und die Abbildung w' als „gespiegelten Hodographen" bezeichnen, der bildlich die Geschwindigkeitsrichtungen richtig ergibt. Bei der rein graphischen Behandlung wird als Hodograph die Abbildung w' benutzt, was aber bei der Integration entsprechend zu berücksichtigen ist.

Durch eine konforme Abbildung geht eine Potentialströmung stets wieder in eine (symbolische) Potentialströmung über, die unter Umständen physikalisch nicht realisierbar bzw. denkbar zu sein braucht. Wir können daher das Liniennetz, das wir in der w-Ebene erhalten, selbst wieder als Strom- und Potentiallinien einer neuen (symbolischen) Strömung auffassen. Wenn es nun gelingt, diese neue Strömung theoretisch zu erfassen, d. h. ξ als Funktion von w zu entwickeln, so kann man auch die Lösung für die z-Ebene, d. i. $\xi(z)$, finden.

Nach Gl. (5) ist

$$w = \frac{\partial \xi}{\partial z};$$

daraus folgt

$$z = \int \frac{1}{w} d\xi. \tag{7}$$

Wenn ξ als Funktion von w und damit w als Funktion von ξ bekannt ist, so läßt sich das Integral ausführen, und man erhält

$$z = z(\xi) \tag{8}$$

und daraus durch Umkehrung

$$\xi = \xi(z). \tag{9}$$

Die nachstehenden Ausführungen sollen den Begriff des Hodographen nochmals in etwas anderer Form erläutern, und zwar zum besseren Verständnis der rein graphischen Behandlung. Hierbei wird nun an Stelle des Begriffs „*gespiegelter Hodograph*" nur noch der Begriff „Hodograph" verwendet.

Ist der Punkt A_1 (Abb. 3) die Abbildung des Punktes A der z-Ebene auf die w-Ebene und ist A_1' das Spiegelbild des Punktes A_1 gegen die u-Achse, dann sind die Koordinaten von A_1' auch der Richtung nach gleich den Geschwindigkeitskomponenten im Punkte A der z-Ebene und die Strecke OA_1' ist gleich dem Geschwindigkeitsvektor w_A im Punkte A. Bewegt sich der Punkt A der z-Ebene längs der Stromlinie ψ_1 nach B, dann bewegt sich der entsprechende Punkt A_1

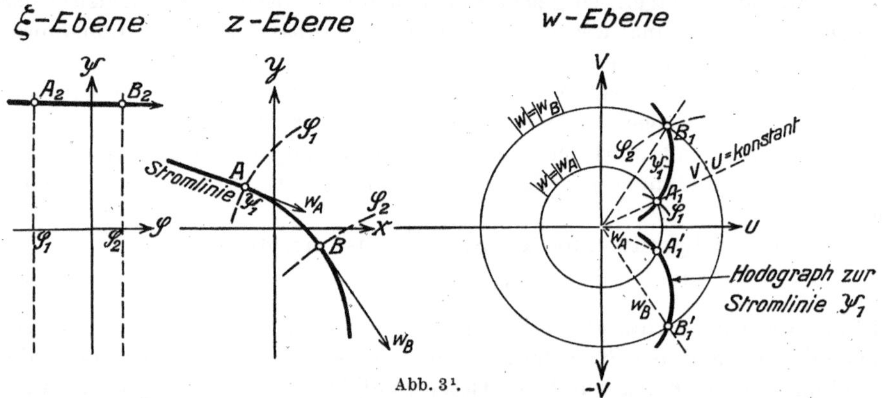

Abb. 3[1].

in der w-Ebene längs einer Linie nach B_1, deren Spiegelbild gegen die u-Achse dadurch ausgezeichnet ist, daß die vom Ursprung gezogenen Fahrstrahlen OA_1', OB_1' usw. die bildlich richtigen Geschwindigkeitsvektoren für die Bewegung längs der Stromlinie in der z-Ebene bilden. Eine Linie mit dieser Eigenschaft wird in der Kinematik als der „Hodograph" der betreffenden Bahnkurve bzw. Stromlinie bezeichnet.

Da Strom- und Potentiallinien in ihrer Bedeutung miteinander vertauscht werden können, kann man auch entsprechend den Hodograph einer Potentiallinie bestimmen.

Die Gl. (2) lautet:
$$z = (x + iy).$$

Um die funktionelle Abhängigkeit der einzelnen Abbildungen voneinander zum Ausdruck zu bringen, schreiben wir Gl. (9) folgendermaßen:

$$\xi(z) = \varphi(x, y) + i\psi(x, y), \tag{10}$$

$\varphi(x, y)$ Potentialfunktion; $\psi(x, y)$ Stromfunktion,

$$\frac{d\xi(z)}{dz} = -u(x) + iv(y) = -w(z). \tag{11}$$

Aus $\quad\quad\quad\quad w(z), \; \xi(z) : \xi(w)$

$$\xi(w) = \varphi(u(x), v(y)) + i\psi(u(x), v(y)). \tag{12}$$

$\xi(w)$ stellt die Strömung in der Hodographenebene dar. Wie oben nachgewiesen wurde, sind die Abbildungen der w- (Hodographen-) Ebene konform zu denen

---

[1] Entnommen aus: DACHLER: Grundwasserströmung, S. 53. Berlin: Springer 1936.

der z-Ebene, was auch aus der Möglichkeit der Elimination von ξ aus $\xi(z)$ und $\xi(w)$ sich ergibt.

In der Hodographenebene bilden die Abbildungen der Linien gleicher Geschwindigkeit der z-Ebene konzentrische Kreise um den Ursprung und die Abbildungen der Linien gleicher Geschwindigkeitsrichtung der z-Ebene sind Strahlen durch den Ursprung. Eine Schar konzentrischer Kreise und das Strahlenbündel durch deren Mittelpunkt stellen aber zwei zueinander rechtwinklige Liniensysteme dar und entsprechen immer einem Funktionenpaar, das die Differentialgleichungen von CAUCHY-RIEMANN und die Differentialgleichung von LAPLACE befriedigt. Da nach unseren Voraussetzungen die w-Ebene und die z-Ebene zueinander konform abgebildet sind, müssen auch in der z-Ebene die Linien gleicher Geschwindigkeit (Isotachen) und die Linien gleicher Geschwindigkeitsrichtung (Isoklinen) ein rechtwinkliges Netz bilden. Dabei ist zu beachten — was später bewiesen wird —, daß die Isotachen als Logarithmus ihrer Größe als $\ln v$ auftreten, die Isoklinen als Arkus ihrer Größe als $\operatorname{arc} \nu^{\circ}$.

Oben wurde bewiesen, daß die Abbildung der Strömung der z-Ebene auf die konforme w-Ebene wieder als (symbolische) Strömung aufgefaßt werden kann und dargestellt wird durch die komplexe Funktion:

$$\xi(w) = \varphi(u(x),\, v(y)) + i\psi(u(x),\, v(y)).$$

Aus Grunden der Einfachheit und Übersichtlichkeit wollen wir Gl. (12) wie folgt anschreiben:

$$P = \varrho + i\sigma. \tag{13}$$

Es seien ϑ und η die Strömungsgeschwindigkeitskomponenten der Bildströmung in der w- (Hodographen-) Ebene, v die absolute Größe, ν die der resultierenden Richtungsgeschwindigkeit.

Genau wie wir für die Strömung in der z-Ebene

$$-w = \frac{\partial \xi}{\partial z}$$

ermitteln, finden wir

$$-\bar{\mathfrak{v}} = \frac{\partial P}{\partial w} = -\vartheta + i\eta. \tag{14}$$

Um den funktionellen Zusammenhang wieder zum Ausdruck zu bringen, schreiben wir Gl. (14)

$$-\bar{\mathfrak{v}}(w) = \vartheta(\varrho) - i\eta(\sigma). \tag{15}$$

Wenn wir also die Strömung in der w- (Hodographen-) Ebene als ursprüngliche, tatsächliche Strömung betrachten, stellt das an der ϑ-Achse in der konformen $\bar{\mathfrak{v}}$-Ebene gespiegelte Bild irgendeiner Stromlinie der w-Ebene den Hodographen dieser Stromlinie dar. Die $\bar{\mathfrak{v}}$-Ebene ist die Hodographenebene zur w-Ebene. Die Abbildungen der Linien gleicher Geschwindigkeit der w-Ebene in der $\bar{\mathfrak{v}}$-Ebene sind wieder konzentrische Kreise, und die Abbildungen der Linien gleicher Geschwindigkeitsrichtung der w-Ebene werden in der $\bar{\mathfrak{v}}$-Ebene durch Strahlen durch den Ursprung dargestellt.

Es folgt nun eine *Zwischenbetrachtung*, die uns die Funktion zwischen den Isotachen und Isoklinen der Strömung in der w-Ebene und ihren Abbildungen in der zugehörigen Rechtecksebene geben soll.

Wenn wir die Darstellung von komplexen Größen durch Punkte in der Ebene, welche durch den absoluten Betrag $|r|$ und die Amplitude φ festgelegt werden, (Polarkoordinaten) durchführen, so erhalten wir für den Fall des natürlichen Logarithmus folgende Ergebnisse:

(Die Buchstabenbezeichnung der Zwischenbetrachtung hat mit der der allgemeinen Abhandlung unmittelbar nichts gemeinsam.)

Wir untersuchen nun die Abbildung

$$z = re^{i\varphi} = r(\cos\varphi + i\sin\varphi)\,, \tag{16}$$

logarithmiert:

$$\ln z = \ln re^{i\varphi} = \ln r + \ln e^{i\varphi} = \ln r + i\varphi\,. \tag{17}$$

Der Modul ist:

$$r = \sqrt{x^2 + y^2}\,,$$

$$\operatorname{tg}\varphi = \frac{y}{x}\,.$$

Dann ist

$$\ln z = \ln\sqrt{x^2 + y^2} + i\operatorname{arc\,tg}\frac{y}{x}\,. \tag{18}$$

Wir untersuchen nun die Abbildung:

$$w = \ln z = u + iv\,. \tag{19}$$

Entsprechend Gl. (18) ist:

$$\ln z = \ln\sqrt{x^2 + y^2} + i\operatorname{arc\,tg}\frac{y}{x}\,,$$

$$u = \ln\sqrt{x^2 + y^2} = \ln r\,, \tag{20}$$

$$v = \operatorname{arc\,tg}\frac{y}{x} = \varphi\,, \tag{21}$$

$$w = \ln r + i\varphi\,. \tag{22}$$

Denkt man sich in der $z(x, y)$-Ebene einen Kreis gezeichnet, also $r = \text{const}$, so entspricht diesem Kreis wegen $u = \ln r = \text{const}$ in dem Koordinatensystem u, v der w-Ebene eine zur v-Achse parallele Gerade (Abb. 4).

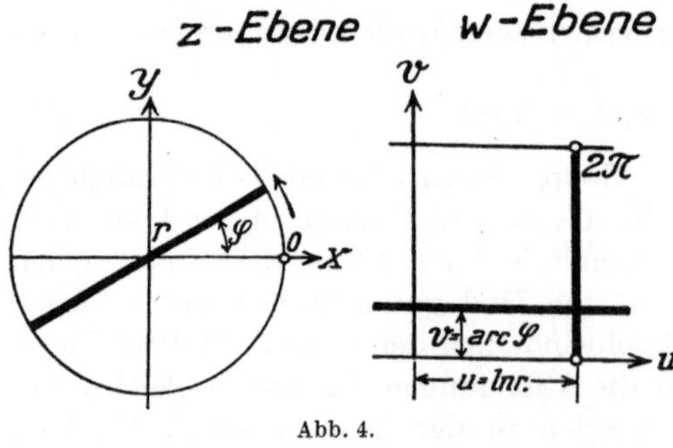

Abb. 4.

Beim Durchlaufen des Kreises $r = \text{const}$ nimmt φ alle Werte von Null bis $< 2\pi$ an, also

$$0 < \varphi < 2\pi\,.$$

Wegen $v = \varphi$ entspricht demnach dem Kreis der z-Ebene ein Abschnitt auf der zur v-Achse parallelen Geraden von der Größe

$$v = 0 \quad \text{bis} \quad v = 2\pi\,,$$

wobei v im Bogenmaße zu messen ist.

Über die Größe von r ist noch nichts angenommen. Wählt man den Radius des Kreises der z-Ebene $r = e^{\pm n\pi}$, dann wird

$$u = \ln r = \pm n\pi\,.$$

Der Kreisschar

$$r = e^0 = 1,\ e^{\pm\frac{\pi}{8}},\ e^{\pm\frac{2\pi}{8}},\ e^{\pm\frac{3\pi}{8}},\ \dots\ e^{\pm\frac{8\pi}{8}} \text{ der } z\text{-Ebene}$$

entsprechen Geraden

$$u = 0,\ \pm\frac{\pi}{8},\ \pm\frac{2\pi}{8},\ \pm\frac{3\pi}{8},\ \dots\ \pm\frac{8\pi}{8} \text{ der } w\text{-Ebene.}$$

Die Länge aller dieser Geraden war $v = 2\pi$. Wird nun in der z-Ebene $\varphi = $ const angenommen, so bedeutet dies eine durch den Nullpunkt gehende, unter φ zur positiven x-Achse geneigte Gerade. Wegen $v = \varphi$ entspricht dieser Geraden der z-Ebene ebenfalls eine Gerade der w-Ebene, die jedoch im Abstand $v = \varphi$ parallel ist zur u-Achse.

Dem Geradenbüschel

$$\varphi = \pm 0,\ \pm\frac{\pi}{8},\ \pm\frac{2\pi}{8},\ \pm\frac{3\pi}{8},\ \pm\frac{4\pi}{8},\ \dots\ \pm\frac{8\pi}{8} \text{ der } z\text{-Ebene}$$

entsprechen die Geraden

$$v = 0,\ \pm\frac{\pi}{8},\ \pm\frac{2\pi}{8},\ \pm\frac{3\pi}{8},\ \pm\frac{4\pi}{8},\ \dots\ \pm\frac{8\pi}{8} \text{ der } w\text{-Ebene.}$$

Die Schar konzentrischer Kreise und das Strahlenbündel durch den Nullpunkt der z-Ebene gehen durch die konforme Abbildung $w = \ln z$ in ein Quadratnetz der w-Ebene über, wobei die Quadratseiten parallel sind zur u- bzw. v-Achse. Mit anderen Worten: Mittels der Funktion des natürlichen Logarithmus bildet man das Orthogonalnetz von Ursprungsstrahlen und konzentrischen Kreisen auf das exakte Orthogonalnetz der anderen Ebene ab.

Daher Isoklinen- und Isotachen auch symbolische Potentialströmung.

Für unsere vorliegende Untersuchung erhalten wir:

$$\frac{\partial P}{\partial w} = -\bar{\mathfrak{v}} = -\vartheta + i\eta\,.$$

Durch Logarithmieren ergibt sich:

$$\ln\frac{\partial P}{\partial w} = q = r + is = \ln[-\bar{\mathfrak{v}}(w)] = \ln v + i(\pi - v), \qquad (23)$$

da

$$\ln - \bar{\mathfrak{v}} = \ln\sqrt{\vartheta^2 + \eta^2} - i\operatorname{arc\,tg}\frac{\eta}{\vartheta}\,,$$

$$\ln\sqrt{\vartheta^2 + \eta^2} = \ln v\,,$$

$$-\operatorname{arc\,tg}\frac{\eta}{\vartheta} = (\pi - v)\,.$$

Die Gl. (23) ist aber eine Funktion der Gl. (15), damit der Gl. (13) und, wegen der Identität von Gl. (13) und (12), der Gl. (12), d. h. eine Funktion der komplexen Veränderlichen w.

Die funktionellen Zusammenhänge sind folgende: In der q-Ebene ist ein exaktes rechtwinkliges achsparalleles Netz. Die zur r-Achse parallelen Linien haben die Werte $\ln v$ und die zur s-Achse parallelen Geraden haben die Werte $\operatorname{arc}(\pi - v)$.

Dieses Netz wird durch die Funktion des natürlichen Logarithmus aus dem Orthogonalnetz aus Ursprungstrahlen und konzentrischen Kreisen der $(-\bar{\mathfrak{v}})$-Ebene übertragen. Dieses letztere Netz stellt aber bekanntlich das aus der w-Ebene durch die Funktion $-\bar{\mathfrak{v}} = \partial P/\partial w$ in die $(-\bar{\mathfrak{v}})$-Ebene transformierte Isotachen-Isoklinen-Netz dar. Damit ist die Kette des Zusammenhangs geschlossen.

In den verschiedenen Abbildungsebenen aus der w-Ebene sind die Isoklinen wertmäßig gleich $\mathrm{arc}\,(\pi - \nu)^0$; die Isotachen wertmäßig gleich $\ln v$. Dies läßt sich auch durch folgende Überlegung nachweisen: In der $(-\bar{\mathfrak{v}})$-Ebene muß das transformierte Isotachen-Isoklinen-Netz, also das Netz aus Kreisschar und Strahlenbüschel je Quadrate bilden. Dies ist nur möglich, wenn das Strahlenbüschel den Kreisumfang in gleiche Teile teilt. Wertmäßig hat jeder Strahl die Größe $\mathrm{arc}\,(\nu)^0$. Die Halbmesser r der zugehörigen Kreisschar müssen zur Erfüllung der Netzbedingung wachsen, nicht im linearen Verhältnis $\mathrm{arc}\,\nu^0$, sondern im Exponentialverhältnis $e^{\ln v} = v$.

Man kann die Überlegung auch umgekehrt anstellen: Wir haben ein exaktes Quadratnetz in der q-Ebene. Dabei setzen wir voraus, daß

$$q = \ln v + i(\pi - \nu) \tag{24}$$

ist, d. h. die Parallelen zur Ordinate haben den Wert

$$\ln v = \mathrm{const},$$

die Parallelen zur Abszisse

$$i(\pi - \nu) = \mathrm{const}.$$

Bilden wir dieses Netz auf eine Ebene ab, in der das Quadratnetz aus konzentrischen Kreisen und den Polstrahlen besteht (polares Netz) — dies soll ja in der $(-\bar{\mathfrak{v}})$-Ebene so sein —, dann kann dies erfolgen mit der Funktion:

$$(+\bar{\mathfrak{v}}) = e^q$$
$$\bar{\mathfrak{v}} = \vartheta + i\eta = e^{(\ln v + i(\pi - \nu))} = e^{\ln v}\, e^{i(\pi - \nu)} \tag{25}$$
$$= e^{\ln v}\,(\cos(\pi - \nu) + i\sin(\pi - \nu)).$$

Reeller Teil gleichgesetzt:

$$\vartheta = e^{\ln v}(\cos(\pi - \nu)) = v\cos(\pi - \nu).$$

Imaginärer Teil gleichgesetzt:

$$\eta = e^{\ln v}(\sin(\pi - \nu)) = v\sin(\pi - \nu).$$

v eliminiert:

$$v = \frac{\vartheta}{\cos(\pi - \nu)},$$
$$\eta = \vartheta\,\mathrm{tg}\,(\pi - \nu). \tag{26}$$

Mit veränderlichem Parameter ν stellt diese Gleichung das Polstrahlenbüschel dar.

ν eliminiert:

$$(\pi - \nu) = \nu_1,$$
$$\nu_1 = \mathrm{arc}\cos\frac{\vartheta}{v},$$
$$\eta = v\left(\sin\left(\mathrm{arc}\cos\frac{\vartheta}{v}\right)\right),$$
$$\mathrm{arc}\sin\frac{\eta}{v} = \mathrm{arc}\cos\frac{\vartheta}{v}.$$

ϑ und η sind die Koordinaten des gleichen Punktes, also ist

$$\vartheta^2 + \eta^2 = v^2 . \tag{27}$$

Mit veränderlichem v als Halbmesser stellt die Gl. (27) die konzentrische Kreisschar dar.

Bei den vorstehenden Betrachtungen wurde von der Strömung im Hodographen als Ursprungsströmung ausgegangen. Dies geschah im Hinblick auf gewisse Erfordernisse, die die weiteren Ausführungen mit sich bringen. Zu dem w-Hodographen als Strömungsebene war ja dann nochmals der zugehörige $\bar{\mathfrak{v}}$-Hodograph erforderlich.

Dazu ist folgendes zu sagen: Bei Strömungen, deren Ränder als bekannt festliegen, tritt dann die z-Ebene sofort als Strömungsebene an die Stelle der w-Ebene und die w-Ebene an die Stelle der $\bar{\mathfrak{v}}$-Ebene. Grundsätzlich aber bleibt sich alles gleich.

Schrifttum. DACHLER: Grundwasserströmung. Berlin: Springer 1936. — BETZ, A., u. E. PETERSOHN: Anwendung der Theorie der freien Strahlen. Ing.-Arch. Bd. 2 (1931) H. 2.

2. Das Isoklinen-Isotachen-Verfahren.

a) Die Ermittlung des Netzes.

Die bisherigen Ausführungen ergaben: Das Netz der Isoklinen $v = \mathrm{const}$ und Isotachen $\ln v = \mathrm{const}$ der Potentialströmung bildet in der Strömungsebene ein Orthogonalnetz. Dieses Ergebnis benutzen wir für die Anwendung eines Netzverfahrens.

Wenn die Randbegrenzungen des Strömungsgebietes gegeben sind, kann man nach dem allgemeinen Netzverfahren das Stromlinien- und Potentialliniennetz durch Probieren und Verbessern unmittelbar einzeichnen. Unter einfachen Umständen ergibt dies annehmbare Lösungen. Bei schwierigeren Verhältnissen, insbesondere bei Grundwasserströmung mit freier Oberfläche und Sickerstrecke führt dieser Weg zu keinem Ergebnis, da man von vornherein das Verhalten der Strom- und Potentiallinien auf gewissen Rändern nicht sicher beurteilen kann.

Wir gehen darauf hinaus, das Netz der Isotachen und Isoklinen in den Strömungsbereich einzuzeichnen. Dies erfolgt durch Probieren und Verbessern so lange, bis ein einwandfreies Netz vorliegt. Ein wertvolles Hilfsmittel dabei ist, daß uns die Isoklinenwerte auf den Rändern bekannt sind.

Gang der Aufgabe: Der Strömungsbereich wird in einem Koordinatennetz beliebig, aber möglichst zweckmäßig orientiert. Im Strömungsbereich werden die Ränder, die Stromlinien sind und die, die Potentiallinien sind, für sich untersucht. Durch häufiges Tangentenziehen an die *Stromlinien* werden die Richtungen der Strombahn und damit der Geschwindigkeiten in bezug auf das Koordinatennetz festgelegt. In zweckmäßiger und genügender Weise beschränkt man sich dabei auf Intervalle von arc 5°. Dann zeichnet man rein dem Gefühl nach in das Innere des Bereiches weitere Stromlinien, ohne diesen irgendwelche Werte beizulegen. An diesen Stromlinien bestimmt man wieder die Bahnrichtungen im Intervall von arc 5°.

Auf den *Potentiallinien* stehen die Strombahnen senkrecht. Man bestimmt auf ersteren durch Tangentenziehen die Neigungswinkel im Intervall arc 5° zum Koordinatennetz und zieht von diesen Winkeln $\pi/2$ ab, dann erhält man die

Geschwindigkeitsrichtungen der Strömung in den entsprechenden Punkten. Sind die Ränder keine Ström- und Potentiallinien, sondern z. B. Sickerlinien, so sind auf ihnen im Hodograph die Geschwindigkeitsrichtungen trotzdem festzustellen. Darüber siehe ein späteres Kapitel.

Nun verbindet man alle Punkte gleichen (arc$v$)-Wertes miteinander. Man erhält eine Kurvenschar, die um so regelmäßiger ist, je genauer man die Stromlinienschar in den Bereich einzeichnen konnte. Man gleicht aus und zieht durch Probieren die Orthogonalschar der Isotachen $\ln v$. Jetzt wird das Netz so lange unter Beachtung der Randbedingungen verbessert, bis es als einwandfreies Quadratnetz vorliegt. Das Ergebnis ist das symbolische Strömungsnetz der Isotachen-Isoklinen im tatsächlichen Strömungsfeld. Ist der Strömungsbereich durch Strom- und Potentiallinien begrenzt, so brauchen diese Linien im allgemeinen keine Isotachen oder Isoklinen zu sein. Mit anderen Worten: Das symbolische Netz der Isoklinen-Isotachen hat am Rand nicht unbedingt volle und abgeschlossene Quadrate. Diese kann man sich zum besseren Überblick durch Fortsetzen über den Rand hinaus einzeichnen.

Im Innern des Bereiches ist das Aufstellen des Isotachen-Isoklinen-Netzes nicht schwierig. Trotzdem kann es vorkommen, daß mehrere Gruppen von gleichen Isoklinenwerten im Innern des Bereiches auftreten. Wollte man alle durch zusammenhängende Linien verbinden, würden sich die Isoklinen unter sich selbst schneiden, was der Theorie widerspricht. Es gibt aber einen oder mehrere eindeutig festliegende singuläre Punkte, in dem sich nur zwei gleichnamige Isoklinen unter $\pi/2$ (in den meisten hier in Betracht kommenden Fällen) schneiden; im gleichen singulären Punkt schneiden sich zwei gleichnamige Isotachen unter $\pi/2$. Isoklinen und Isotachen schneiden sich unter $\pi/4$ im singulären Punkt. Der singuläre Punkt heißt Verzweigungspunkt (mehrblätterige Riemannsche Flächen). Er bildet gewissermaßen die Verkehrsinsel, von der aus die Strömung in ihre Bahnen gelenkt wird. In einem Verzweigungspunkt der Isotachen und Isoklinen hat die Stromlinie und Potentiallinie der Strömung je einen Wendepunkt. Weitere Schwierigkeiten bilden singuläre Punkte auf dem Gebietsrand. Entweder ist dieser singuläre Punkt ein Bruchpunkt des Stromlinienrandes oder Potentiallinienrandes oder ein Übergang des Stromlinienrandes in einem Punkt zur Potentiallinie, sei dies auf einer Geraden oder durch einen Knick. Auf jeden Fall ändert sich das Isoklinenfeld sprungartig in diesem Punkt von dem Wert, der beim Eintritt in den Punkt vorhanden war, auf den Wert, der beim Austritt aus dem Punkt maßgebend ist. Alle dazwischenliegenden Werte fallen dem Punkt zu. Die Isoklinen haben in diesem Punkt das Aussehen der Stromlinien von Quellen oder Senken. Die bisher durchgeführten Untersuchungen über Quell-Senken-Strömung ergaben, daß das Potential im Quellpunkt ∞ und im Senkungspunkt $-\infty$ ist. Da bei der symbolischen Strömung hier $\ln v$ die Stelle des Potentials vertritt, muß die Geschwindigkeit in einem Isoklinen-Quellpunkt ∞ und in einem Isoklinen-Senkenpunkt 0 sein. Man muß nur beurteilen können, welche Punkte Quell- und welche Senkenpunkte sind, was sehr einfach ist.

In der Gegend dieser Punkte und auch in der Gegend sonstiger Eckpunkte des Strömungsrandes, die nicht Quell- oder Senkenpunkte sind, bereitet die noch zu beschreibende Ermittlung der Strom- und Potentiallinien aus den Isotachen-

Isoklinen einige Schwierigkeiten. Dort ist das Isotachen-Isoklinen-Netz so eng, daß man die genaue Übersicht verliert. Ein brauchbares Ergebnis ist demnach dort nicht abzuleiten. Da hilft man sich nun mit der aus genauen Untersuchungen gewonnenen Erkenntnis, daß in der nächsten Umgebung dieser Punkte die deformierte Strömung genügend genau ersetzt werden kann durch diejenige Strömung, die an solchen Punkten ohne Einschränkung durch die übrigen Ränder, also im undeformierten Zustand, auftritt. Diese einfachen Sonderfälle können exakt ohne weiteres behandelt werden.

In einiger Entfernung von diesen singulären Punkten werden diese idealisierten Netze durch die Ränder deformiert. In einem besonderen Abschnitt wird eine Auswahl dieser Sonderfälle dargestellt.

b) Die Auswertung des Netzes (s. Tabelle S. 98).

Der bisherige Weg führte zur Einzeichnung des Isotachen-Isoklinen-Netzes. Die Isoklinen haben alle ihre Wertbezeichnung arc 5°, arc 2·5°, arc 3·5° usw. Die Isotachen haben noch keinen zahlenmäßigen Wert. Ihre allgemeine Bezeichnung ist $\ln v_1$, $\ln v_2$ usw. Das Vorhandensein des *Quadrat*netzes stellt von vornherein die Forderung auf, daß die Intervalle beider Scharen *wertmäßig* gleich sind. Also muß $\ln v_1$ um arc 5° kleiner sein als $\ln v_2$ usw.

$$\ln v_2 = \ln v_1 + \text{arc}\, 5°,$$

$$\ln v_2 - \ln v_1 = \text{arc}\, 5° = \frac{\pi}{36},$$

$$\ln\left(\frac{v_2}{v_1}\right) = \frac{\pi}{36},$$

$$v_2 = v_1 e^{\frac{\pi}{36}} = v_1 \cdot 1{,}091\,,$$

$$v_3 = v_1 e^{\frac{2\pi}{36}} = v_1 \cdot 1{,}191 \text{ usw.}$$

oder

$$v_1 = \frac{v_2}{e^{\frac{\pi}{36}}} = v_2 \cdot 0{,}916\,,$$

$$v_1 = \frac{v_3}{e^{\frac{2\pi}{36}}} = v_3 \cdot 0{,}839$$

usw.

Man muß nur eine beliebige, aber zweckmäßige Isotache mit dem Wert $v_1 = 1$ versehen, dann sind alle Isotachen mit Werten belegt. Diese willkürliche Festlegung bedingt am Ende der Untersuchung das Feststellen eines sich ohne weiteres ergebenden Vergleichsfaktors.

Wir gingen bei der Erklärung der Potentialströmung aus von der Formel:

$$\bar{v} = \frac{d\varphi}{d\mathfrak{f}} \quad (\mathfrak{f} = \text{Richtung der Strom}(\psi)\text{-Linien}).$$

Daraus ergibt sich rückwärts

$$\varphi = \int \bar{v}\, d\mathfrak{f}\,,$$

wo $\bar{v}$ die resultierende Geschwindigkeit, $\mathfrak{f}$ den resultierenden Weg in der Stromlinienbahn bezeichnet.

Betrachtung eines Strömungsfeldes.

Zwischen den festen Randstromlinien ψ_0 und ψ_q geht der Strom ψ durch (Abb. 5).

Den Querschnitt, gebildet von einer Potentiallinie, die von den Stromlinien senkrecht geschnitten wird, durchströmt der Strom.

Es ist

$$\psi = \int_{\psi_0}^{\psi_q} \bar{\mathfrak{v}}\, ds_\varphi\,,$$

wo $\bar{\mathfrak{v}}$ die veränderliche Stromgeschwindigkeit längs der Potentiallinie von der Länge s_φ ist.

Wenn wir einen beliebigen nicht durch eine Potentiallinie gebildeten Quer-

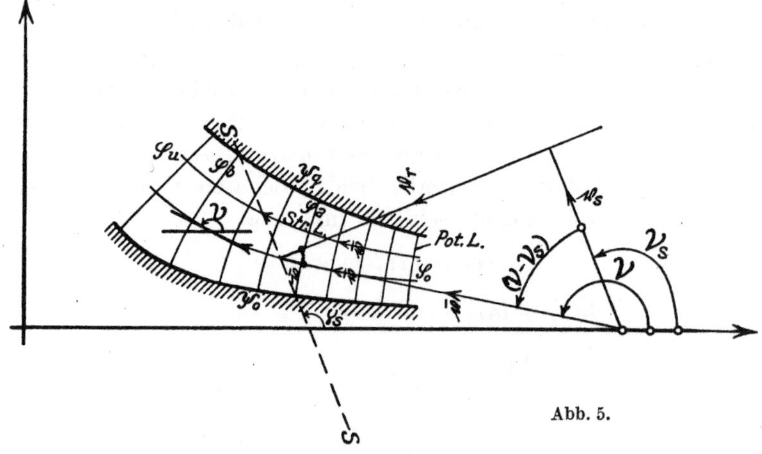

Abb. 5.

schnitt von der Richtung ν_s betrachten, ergibt sich für die senkrecht zum Querschnitt stehenden Geschwindigkeitskomponenten von $\bar{\mathfrak{v}}$:

$$\bar{\mathfrak{v}}_r = |\bar{\mathfrak{v}}|\sin(\nu - \nu_s)\,,$$
$$|\bar{\mathfrak{v}}| = v\,.$$

Die Summe des Stromes ist $=$ der Summe des Produktes aus senkrecht zum Querschnitt stehenden Geschwindigkeitskomponenten mal Wegelementen

$$\psi = \int_{\psi_0}^{\psi_q} v\sin(\nu - \nu_s)\, ds\,.$$

Der Weg kann beliebig gekrümmt sein, seine Krümmung wird durch das die Neigungen anzeigende ν_s berücksichtigt.

Die Krümmung der Stromlinien wird durch ν angezeigt. Zahlenmäßig gleich bleibt das Ergebnis bei Integration in entgegengesetzter Richtung:

$$\psi = \int_{\psi_0}^{\psi_q} v\sin(\nu_s - \nu)\, ds\,.$$

Das größte Potentialgefälle liegt in Richtung der Stromlinien. Zwischen zwei Potentiallinien φ_b und φ_a ist der Unterschied:

$$\varphi_b - \varphi_a = \varphi = \int_{\varphi_a}^{\varphi_b} \bar{\mathfrak{v}}\, d\mathfrak{f}\,,$$

wo $d\mathfrak{f}$ das Wegelement auf einer Stromlinie ist. Verfolgen wir einen anderen Weg, z. B. den Weg s mit der Richtung ν_s, so muß zwischen φ_b und φ_a der Unterschied wieder φ sein. Hier kann aber nur die in die Richtung s fallende Komponente $\mathfrak{v}_s$ von $\bar{\mathfrak{v}}$ das Potential vermindern.

$$\mathfrak{v}_s = |\bar{\mathfrak{v}}|\cos(\nu - \nu_s)\,,$$

$$\varphi_b - \varphi_a = \varphi = \int_{\varphi_a}^{\varphi_b} v\cos(\nu - \nu_s)\,ds\,,$$

oder

$$\varphi = \int_{\varphi_a}^{\varphi_b} v\cos(\nu_s - \nu)\,ds\,.$$

Zusammenstellung des Ergebnisses.

$$\varphi = \int_{s=0\,(\varphi\text{-Anfang})}^{s=s\,(\varphi\text{-Ende})} v\cos(\nu_s - \nu)\,ds\,,$$

$$\psi = \int_{s=0\,(\psi=0)}^{s=s\,(\psi=\psi_q)} v\sin(\nu_s - \nu)\,ds\,,$$

wobei φ das Potentialgefälle und ψ den Stromdurchfluß zwischen zwei Punkten des Bereiches gibt, wenn über eine beliebige Verbindungslinie s zwischen den beiden Punkten das Integral ausgedehnt wird. In kurzen Worten ausgedrückt ist diese Feststellung der Hauptsatz der Funktionentheorie[1].

Ist $\xi = \varphi + i\psi = f(v,\nu) = f(w)$ in dem einfach zusammenhängenden Bereich des Hodograph überall analytisch und eindeutig, dann ist das bestimmte Integral $\int_{s=0}^{s=s} f(v,\nu)\,ds$ unabhängig vom Verlauf des Weges s, wenn nur s sich irgendwie von $s = 0$ bis $s = s$ erstreckt. Mit diesen Formeln ist die graphische Auswertung des Isotachen-Isoklinen-Netzes leicht möglich.

Ermittlung von ψ, (Abb. 6).

Man legt zwischen die beiden Randstromlinien, die jeder Bereich haben muß, möglichst günstige Integrationswege und ermittelt graphisch die Integrale, die jedesmal den gleichen Zahlenwert für ψ ergeben müssen. Diese Probe muß unbedingt erfüllt werden. Andernfalls ist das Isotachen-Isoklinen-Netz zu überprüfen und zu verbessern. Der Integrationsweg wird in einem Koordinatensystem auf der Abszisse abgewickelt, und zwar in einem zu wählenden Maßstabsverhältnis zwischen Auftragung und Natur bzw. entsprechend der Länge der Zeichnung. Dann überträgt man als Ordinaten die längs des Integrationswegs im Netz angetroffenen Isotachen mit ihren Zahlenwerten. Gleicherweise überträgt man als Ordinaten die Werte $\sin(\nu_s - \nu)$, die man sich längs des Weges herstellen muß aus der jeweiligen Neigung des Integrationsweges und den im gleichen Punkt angetroffenen Isoklinen. Das Produkt aus $v\sin(\nu_s - \nu)$ wird auf der jeweiligen Ordinate wieder aufgetragen. Dann wird die Fläche zwischen Ordinate, Abszisse, Schlußordinate und Linie $v\sin(\nu_s - \nu)$ in Intervallen vom Nullpunkt aus als Integralkurve (graphisch oder nach der SIMPSONschen Regel)

---

[1] ROTHE-OLLENDORF-POHLHAUSEN: Berlin: Springer-Verlag 1931, S. 18, 3.

24 Besondere Möglichkeiten zur Lösung der LAPLACEschen Gleichung.

aufgetragen. Die Endordinate dieser Integralkurve stellt den Gesamtstrom ψ zwischen ψ_0 und ψ_q dar. ψ ist ein Zahlenwert, hergestellt aus den Zahlenwerten für v, $\sin(v_s - v)$ und der Länge s. Nun bestimmt man, wieviele Unterteilungen des Gesamtstromes man haben will. Entsprechend diesem Verhältnis teilt man die Endordinate ein und überträgt diese Ordinate auf die ψ-Kurve. Zu den gewonnenen Punkten sucht man die Abszissen auf. Diese Abszissenpunkte werden auf den Weg s im Strömungsfeld übertragen. Diese Punkte geben die Durchgangspunkte derjenigen Stromlinien an, die den Bereich in die gewünschten

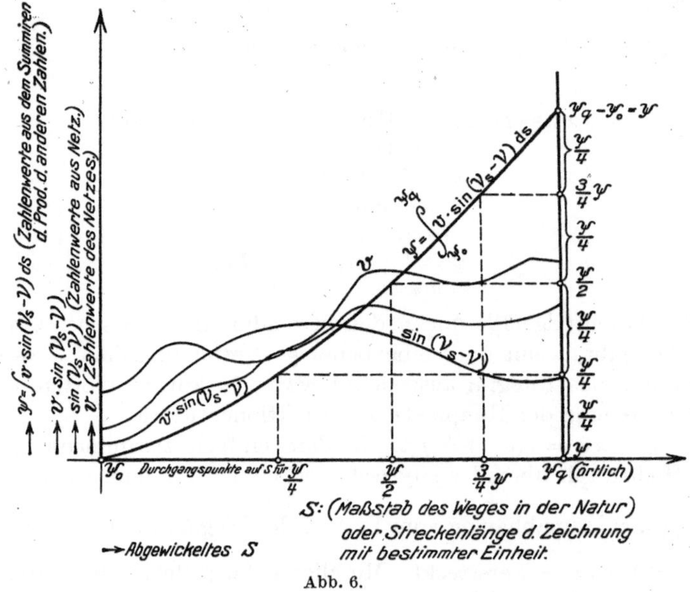

Abb. 6.

Teile unterteilen. Das Verfahren wird für alle Integrationswege wiederholt. Die Verbindungslinien der Durchgangspunkte sind die Stromlinien.

Bis jetzt hat für die graphische Behandlung die willkürliche Wahl von $v_1 = 1$ im Isotachen-Isoklinen-Feld keinen Einfluß gehabt. Wenn Zweifel vorhanden waren, nach welcher Seite der Isotachenschar v zunimmt, von $v_1 = 1$ aus betrachtet, so ist nach der richtigen Lösung ein für allemal festgestellt: v nimmt in der Richtung zu, aus der der Strom kommt oder entspringt. Damit kann v aber nach der anderen Richtung hin nur abnehmen. Bei genauer Beachtung dieses Grundsatzes gibt es auch bei einem Verzweigungspunkt keine Schwierigkeiten.

Ermittlung von φ, (Abb. 7).

Im Strömungsbereich muß im allgemeinen eine Randpotentiallinie da sein, durch die der Stromfluß am Ende seiner Bahn begrenzt wird. Diese Randpotentiallinie kann zu einem Punkt zusammenschrumpfen, dann ist sie eine Senke. Sie kann unter Umständen im Unendlichen liegen, dann ist sie auf dem Zeichenbogen nicht mehr darstellbar. Auf jeden Fall kann man ihr irgendeinen Zahlenwert zuweisen zwischen 0 und irgendeiner positiven oder negativen Zahl. Im Fall der Senke wird der Wert zu $-\infty$, was sich aus exakten Untersuchungen ergibt. Im normalen Fall gibt man ihr aber den Wert $\varphi = 0$.

Diese Wahl eines Wertes für φ entspricht der Wahl der Nullebene beim Aufstellen der BERNOULLIschen Energiegleichung.

Die andere Randpotentiallinie des Bereiches liegt dort, wo der Strom in den Bereich eintritt oder überhaupt seinen Anfang nimmt. Im letzteren Fall liegt die Potentiallinie im Unendlichen oder sie schrumpft zu einem Punkt zusammen und wird damit zur Quelle mit $\varphi = +\infty$. Die Werte der ersteren Linien liegen

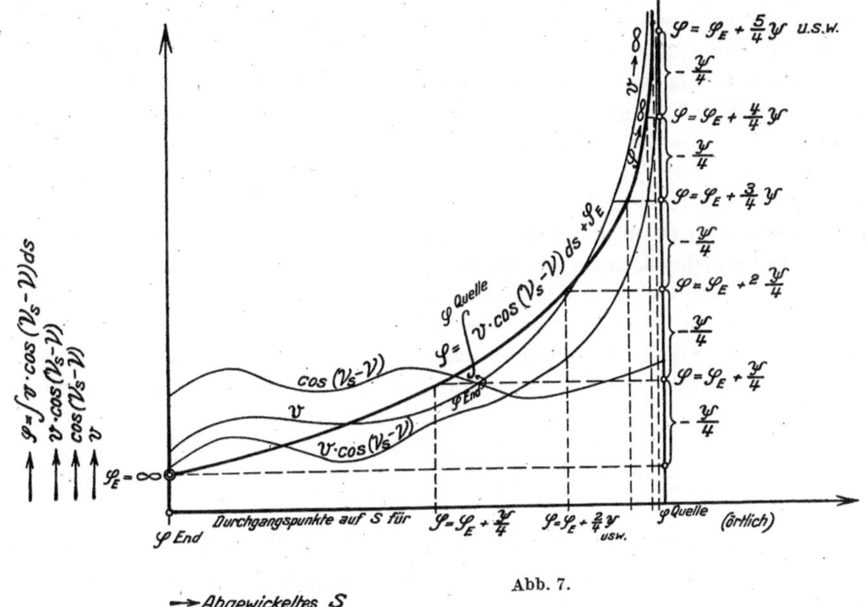

Abb. 7.

zwischen 0 und einer positiven oder negativen Zahl, sind aber mit der Wahl von φ für die Endpotentiallinie abhängig von dieser.

Es werden nun zwischen die beiden Randpotentiallinien verschiedene zweckmäßige Integrationswege gelegt.

1. Fall. Die beiden Randpotentiallinien liegen im Endlichen, d. h. sie sind auf dem Zeichenbogen darstellbar. Man wickelt den Integrationsweg s auf der Abszisse eines Koordinatensystems ab, und zwar beginnt man an der Endpotentiallinie. Der Maßstab ist der gleiche wie bei der ψ-Ermittlung. Als Ordinaten werden wieder die längs des Integrationsweges ermittelten v und $\cos(\nu_s - \nu)$ aufgetragen und deren Produkt gebildet. Dann wird die Integralkurve $\varphi = \int v \cos(\nu_s - \nu)\,ds$ ermittelt. War bei der Endpotentiallinie $\varphi =$ irgendeiner Zahl gewählt, so wird diese Zahl auf der Ursprungsordinate im Maßstab der Integralordinate aufgetragen und von diesem Punkt aus beginnt die Integralkurve. Im allgemeinen war aber $\varphi = 0$ gewählt, dann beginnt die Kurve im Ursprung. Die Endordinate der Integralkurve stellt

$$\varphi_{\text{Anfang}} - \varphi_{\text{End}} = \varphi = \int_{s=0\,(\varphi_{\text{End}}=0)}^{s=s(\varphi_{\text{Anfang}})} v \cos(\nu_s - \nu)\,ds$$

dar.

Ist φ_{End} nicht 0, so kommt dazu noch sein Wert. Da man mit denselben Zahlen und Maßstäben wie bei ψ gearbeitet hat, verwendet man ohne weiteres die dortigen Überlegungen. Man hatte sich für eine bestimmte Unterteilung von ψ entschlossen. Da bei einem Quadratnetz der Strom- und Potentiallinien zahlenmäßig φ und ψ gleich wachsen müssen, so trägt man die Teilstrecke für $\psi(\psi/4$ oder ähnliches) auf der Endordinate von φ, zweckmäßigerweise in der Ordinatenhöhe des Beginns der Integralkurve anfangend, ab. Diese Teilung braucht nicht aufzugehen. Dann überträgt man über die Integralkurve auf die Abszisse die Teilpunkte und von dort auf den Weg s im Strömungsfeld. Auf den verschiedenen Integrationswegen bilden die so ermittelten Punkte gleichen φ-Wertes die Durchgangspunkte für die Potentiallinien, die dann leicht einzutragen sind. Falls die Teilung auf der Ordinate nicht aufgegangen ist, treten an der Restseite auch keine Quadrate auf.

Die bisher ermittelten Zahlenwerte für ψ und φ hängen, wenn der Maßstab bei s berücksichtigt ist, nur von der willkürlichen Wahl von $v_1 = 1$ ab. Die bildliche Darstellung des Quadratnetzes hängt von der Wahl der Unterteilung des Stromes ab, über die Größe des Stromes und Potentials sagt es noch gar nichts aus.

Praktisch gibt es nun verschiedene Fälle:

Gegeben der Strom in Zahlengröße, z. B. a cbm/sec. Gesucht seine Geschwindigkeitsverteilung in der Strömungsebene. Dann wird die Endordinate

$$\psi = \int\limits_{\psi=0}^{\psi=q} v \sin(\nu_s - \nu)\, ds = a$$

gesetzt.

Daraus ergibt sich ein Verhältniswert $v_1 = \dfrac{a}{\psi}$, und alle übrigen v werden dann in diesem Verhältnis geändert. Da nun die wertmäßigen Intervalle von ψ bekannt sind, sind diese auch für φ gegeben. In der Grundwasserströmung oder irgendeiner Potentialströmung, deren Geschwindigkeit folgendem Gesetz gehorcht:

$$v = kJ,$$

ist dann der Zahlenwert für das Potential noch mit k zu multiplizieren.

2. Fall. Die eine Randpotentiallinie liegt in einer Senke oder Quelle oder unendlich fern.

Dann beginnt man eben mit der anderen. Sofern die andere eine am Stromanfang gelegene Potentiallinie ist, sind die übrigen Potentiale kleiner, d. h. man trägt in dem Koordinatensystem die Ordinaten nach der negativen Richtung ab.

Im Falle der Endlinie als Senkenlinie oder der Anfangslinie als Quellenlinie wird die entsprechende End- oder Anfangsordinate $\mp \infty$. Die Integralkurve nähert sich dieser Ordinate asymptotisch. Man fängt mit der Ordinateneinteilung an der bekannten Seite an. Im Fall der unendlich fernen Potentiallinie wird die Abszisse unendlich lang. Die Einteilung wird an der bekannten Ordinate vollzogen.

3. Fall. Einige Überlegungen erfordern die Fälle, wenn beide Randpotentiallinien unendlich fern liegen, eine reine Quell-Senken-Strömung vorliegt oder Strömungen „Quelle ins Unendliche" oder „vom Unendlichen in Senke" gegeben sind.

Man muß sich dann einen festen Punkt verschaffen, von dem aus man die Ermittlungen durchführt.

Man wählt gegebenenfalls symmetrisch gelegene Punkte oder Linien oder sonst einen markanten Punkt und weist dem Punkt bzw. der Linie ein Potential $\varphi = 0$ oder einer endlichen Zahl zu. Sämtliche Integrationswege gehen von diesem Punkt aus. Diese werden dann auf der positiven (Weg zur Quelle) und negativen (Weg zur Senke) x-Achse aufgetragen, die entsprechenden Isotachen-Isoklinen-Werte auf der positiven und negativen Ordinate.

Ergebnis. Die Stromlinienschar und die Potentiallinienschar wird aus dem Isotachen-Isoklinen-Netz durch graphische Integration gewonnen. Das entstandene Netz muß ein krummliniges Quadratnetz sein.

Das Beispiel 1 der Anwendungen ist mit allen Einzelheiten durchgeführt.

Schrifttum. Weinig, F.: Die ebene Potentialströmung in gewöhnlichen Krümmern und in Krümmern mit Umlenkschaufeln. Wasserkr. u. Wasserwirtsch. Jg. 29 (1934) H. 17. — Weinig, F., u. A. Shields: Graphisches Verfahren zur Ermittlung der Sickerströmung durch Staudämme. Wasserkr. u. Wasserwirtsch. Jg. 31 (1936) H. 13.

D. Randbedingungen.

Um die Lösungen von Grundwasseraufgaben durchführen zu können, ist die Kenntnis der Randbedingungen notwendig. Die Form des Gebietsrandes und die Bedingungen, die längs des Randes erfüllt sein müssen, sind von entscheidender Bedeutung, da ein Potential in einem Felde bestimmt wird durch sein Verhalten auf dem Rande (Cauchy), soweit nicht im Innern des Feldes selbst Singularitäten (Quellen, Senken) auftreten.

Die Randbedingungen können sehr verschiedener Art sein. Die Form des Gebietsrandes kann von vornherein gegeben sein, wie etwa eine feste, geradlinige Begrenzung eines Grundwasserträgers. Ist sie eine freie Oberfläche, so muß sie aus den Randbedingungen ermittelt werden.

Wir wollen für den vorliegenden Fall vier verschiedene Möglichkeiten unterscheiden:

1. Begrenzung durch eine undurchlässige Sohle.
2. Begrenzung durch freies, ruhendes oder langsam bewegtes Wasser.
3. Begrenzung durch freie Oberfläche.
4. Begrenzung durch Hangquelle (Aussickern).

1. Die undurchlässige Schicht stellt immer eine Stromlinie dar, weil die Filtergeschwindigkeit dort nur parallel zum festen Rand sein kann. Der feste Rand kann analytisch einfach oder abschnittsweise darstellbar sein oder nicht und ermöglicht dementsprechend eine rechnerisch genaue Lösung oder schließt eine solche von vornherein aus.

Die Potentiallinien stehen senkrecht auf der undurchlässigen Schicht.

Ist die undurchlässige Grenze in der z-Ebene analytisch festgelegt durch $x(s)$, $y(s)$, s ihre Bogenlänge, dann ist der Winkel gegenüber den Achsen gegeben durch

$$\frac{dx}{ds} = \cos\alpha\,, \qquad \frac{dy}{ds} = \sin\alpha\,.$$

Die Bedingung für die Stromlinie lautet:

$$\psi(x, y) = \psi_1 = \text{const}.$$

Die Bedingung für das Senkrechtstehen der Niveaulinien lautet, wenn n die Richtung der Niveaulinie bedeutet:

$$\frac{\partial \varphi}{\partial n} = 0 \,.$$

Ferner sind die Geschwindigkeitskomponenten parallel zur x- und y-Achse:

$$u = \frac{\partial \varphi}{\partial s} \cos \alpha \,, \qquad v = \frac{\partial \varphi}{\partial s} \sin \alpha \,.$$

Ist die undurchlässige Grenze geradlinig, so ist

$$\frac{v}{u} = \frac{\sin \alpha}{\cos \alpha} \,,$$

d. h. in der w- (Hodographen-) Ebene wird die Stromlinie durch einen Abschnitt des zu dieser Linie in der z-Ebene parallelen Polstrahles dargestellt.

2. In diesem Falle handelt es sich um Böschungen von Kanal-, Fluß-, Abzugsgräbendämmen und von Staudämmen, die eine fast ruhende Wasserschicht abschließen oder um die Stellen eines Grundwasserträgers, die sehr weit von der Senke (Abzugsgraben) entfernt sind, und zwar in einem lotrechten zur Strömungsebene senkrechten Schnitt.

In jedem Punkte eines solchen Randes ist die Standrohrspiegelhöhe h die gleiche.

$$h = y_0 + \frac{p}{\gamma} \,,$$

$y_0 =$ geodät. Höhe der freien Wasserspiegeloberfläche, d. h. es ist $\varphi = -kh = $ const.

Die Begrenzung durch das freie Wasser ist eine Potentiallinie.

Die Stromlinien und damit die Geschwindigkeitsrichtung der zugehörigen Grundwasserbewegung stehen senkrecht auf diesen Grenzen.

Ist die Grenze geradlinig, so ist diese Potentiallinie der z-Ebene eine Gerade in der w- (Hodographen-) Ebene, und zwar senkrecht zu der Potentiallinie der z-Ebene durch den Nullpunkt der w-Ebene. Unter Vernachlässigung der Trägheitskräfte (DARCY-Gesetz) können wir unter Umständen für die Geschwindigkeiten senkrecht zu diesen Niveaulinien unendliche Werte erhalten. Es kann nachgewiesen werden, daß bei Voraussetzung eines strengen Widerstandsgesetzes unter Berücksichtigung der Trägheitskräfte und unter Voraussetzung der kinetischen Energiehöhe $\dfrac{(u^2 + v^2)}{2g}$ das Unendlichwerden ausgeschlossen ist.

3. Die freie Oberfläche oder der Grundwasserspiegel stellt unter Außerachtlassung der Kapillarwasserzone (Unterdruckzone) die Grenze der wasserführenden Schicht an eine lufthaltige Schicht des Grundwasserträgers unter Atmosphärendruck dar. Sie ist im stationären Zustand immer eine Stromlinie bzw. -fläche, aber im Gegensatz zur gegebenen festen Randstromfläche ursprünglich nicht bekannt. Es ist also: $\psi = $ const. Für die freie Oberfläche gilt

$$p = p_{\text{Atm}} = \text{const} \,.$$

$$\frac{p}{\gamma} + y_0 = h \,.$$

Da der Druck längs einer freien Oberfläche Null ist, ist

$$p = 0 \, ,$$
$$h = y_0 \, ,$$
$$dh = dy_0 \, ,$$
$$\Delta h = \Delta y_0 \, ,$$
$$\varphi = -kh \, ,$$

d. h. Niveaulinien, die ja auf der freien Oberfläche senkrecht stehen, schneiden, falls sie vom Standrohrspiegelunterschied Δh sind, die freie Oberfläche in Punkten vom lotrechten Abstand Δy_0.

Wenn s die Strömungsrichtung des Grundwasserspiegels ist, dann ist die Oberflächengeschwindigkeit $\bar{v}_{0b}$:

$$v_{0b} = -\frac{\partial kh}{\partial s} = \frac{\partial \varphi}{\partial s} = -k\frac{\partial y_0}{\partial s} = k\sin\alpha \, ,$$

wenn α die Neigung des freien Grundwasserspiegels gegen die Waagrechte ist.

Auf Grund dieser Zusammenhänge kann die Oberflächengeschwindigkeit leicht ermittelt werden, wenn die Form des Grundwasserspiegels und der Durchlässigkeitsbeiwert bekannt sind, oder die Ermittlung eines der Werte ist möglich, wenn die beiden anderen gegeben sind oder gemessen werden können.

Die größtmögliche Oberflächengeschwindigkeit erfolgt bei lotrechter Oberfläche, sie ist

$$\bar{v}_{0b\,\mathrm{max}} = -k\sin\frac{\pi}{2} = -k \, ,$$

d. h. gleich der Durchlässigkeit.

Die waagrechte Komponente der Oberflächengeschwindigkeit ist am größten bei einer Spiegelneigung von 45°, sie ist

$$u_{0b} = k\sin\alpha\cos\alpha = k\sin\frac{\pi}{4}\cos\frac{\pi}{4} = \frac{k}{2} \, ,$$

d. h. gleich der halben Durchlässigkeit.

Für die freie Oberfläche gilt:

$$-\varphi = kh = ky_0 + \frac{kp_{\mathrm{Atm}}}{\gamma} \, ,$$
$$kh + \varphi = 0 \, .$$

Diese Gleichung, differentiert nach ∂s, gibt:

$$\frac{\partial kh}{\partial s} + \frac{\partial \varphi}{\partial s} = 0 \, ,$$

multipliziert mit $\partial\varphi/\partial s$ gibt

$$\frac{k\partial h}{\partial s}\frac{\partial \varphi}{\partial s} + \left(\frac{\partial \varphi}{\partial s}\right)^2 = 0 \, ,$$

wegen

$$\frac{\partial h}{\partial s} = \sin\alpha$$

heißt die Gleichung

$$k\sin\alpha\,\frac{\partial \varphi}{\partial s} + \left(\frac{\partial \varphi}{\partial s}\right)^2 = 0 \, ,$$

wegen

$$\bar{v}_{0b} = k \sin \alpha \quad \text{und} \quad \frac{\partial \varphi}{\partial s} = k \sin \alpha ,$$

$v_{0b} \sin \alpha = v =$ Geschwindigkeitskomponente parallel zur y-Achse der z-Ebene.

$$kv + \left(\frac{\partial \varphi}{\partial s}\right)^2 = 0 ,$$

$$\frac{\partial \varphi}{\partial s} = v_{0b} = \sqrt{u^2 + v^2} ,$$

$u =$ Geschwindigkeitskomponente parallel zur x-Achse der z-Ebene.

$$kv + u^2 + v^2 = 0 ,$$

$$u^2 + v^2 + kv = 0 ,$$

$$u^2 + \left(v + \frac{k}{2}\right)^2 = \left(\frac{k}{2}\right)^2 .$$

Diese Gleichung stellt einen Kreis dar mit dem Mittelpunkt $u = 0$, $v = -k/2$, Radius $= k/2$. Der Kreis ist der geometrische Ort der Endpunkte der Geschwindigkeitsvektoren.

Da die Geschwindigkeitsvektoren, vom Nullpunkt der w- (Hodographen-) Ebene aus aufgetragen, in ihren Endpunkten die Bilder der Hodographenpunkte der entsprechenden Punkte der Stromlinie, also auch der freien Oberfläche in der z-Ebene ergeben, haben wir in der Verbindungslinie dieser Endpunkte das Bild der Stromlinie in der w-Ebene. Diese Verbindungslinie ist für die freie Oberfläche der Kreis, wie oben beschrieben wurde.

Das bedeutet für uns, daß wir die in der z-Ebene ursprünglich unbekannte Form der freien Oberfläche in der w- (Hodographen-) Ebene in Form eines Kreises mit dem Mittelpunkt $v = -k/2$ und dem Halbmesser $r = k/2$ oder eines Teilstückes dieses Kreises für unsere Untersuchungen von vornherein als bekannt annehmen können.

4. Die Hangquelle oder die Sickerfläche ist das Austreten am luftseitigen Hang und bildet dort die Grenze des von der Strömung erfüllten Grundwasserträgers gegen die atmosphärische Luft. Dieser Rand kann im allgemeinen weder Strom- noch Niveaufläche sein, d.h. $\psi \neq 0$; $\varphi \neq 0$. Das Grundwasser tritt durch die Sickerfläche in Form einer Hangquelle frei aus, verdunstet dort oder es fließt in dünner Schicht über die Sickerfläche ab.

Die Form des Randes ist ursprünglich bekannt; er kann analytisch erfaßbar sein oder nicht. Der Druck längs der Sickerfläche ist Null.

$$p = \text{const} = 0 ,$$

damit wird

$$h = y_0 ,$$

d. h. Potentiallinien, zwischen denen ein Standrohrspiegelunterschied Δh besteht, schneiden die Sickerfläche in Punkten, deren lotrechter Abstand $\Delta y_0 = \Delta h$ ist. Es ist bei $p = 0$: $\varphi = -kh$ und $\frac{\partial \varphi}{\partial s_1} = -k\frac{\partial h}{\partial s_1} = -k\frac{\partial y_0}{\partial s_1} = -k \sin \beta$.

s_1 bedeutet die Richtung der Sickerfläche und schließt mit der Waagrechten den Winkel β ein.

$\partial\varphi/\partial s_1$ ist nicht die volle Geschwindigkeit, sondern nur die Komponente in der Richtung der Sickerfläche, sofern der Grenzfall Sickerfläche = Stromfläche nicht auftritt. D. h. die oben begründete Randbedingung der Sickerstrecke erzwingt, daß der Geschwindigkeitsvektor $\bar{\mathfrak{v}}$ der durch die Sickerstrecke austretenden Stromlinie so groß wird, daß seine Projektion auf die Sickerstrecke

$$\frac{\partial\varphi}{\partial s_1} = -k\sin\beta$$

wird. Es ist dann leicht abzuleiten:

$$\frac{\partial\varphi}{\partial s_1} = u\cos\beta + v\sin\beta\,,$$

wobei $u = x$-Komponente und $v = y$-Komponente von $\bar{\mathfrak{v}}$ ist. Folglich gilt für die Sickerfläche

$$k\sin\beta + u\cos\beta + v\sin\beta = 0\,.$$

Längs einer lotrechten Sickerfläche ist die auf diese entfallende Komponente von $\bar{\mathfrak{v}}$: $\bar{v}_{s_1} = -k$

$$k\sin\frac{\pi}{2} + u\cos\frac{\pi}{2} + v\sin\frac{\pi}{2} = 0\,,$$

$$v = -k\,.$$

Die die Sickerfläche unter irgendeinem Winkel γ schneidende Stromliniengeschwindigkeit $\bar{\mathfrak{v}}$ ist dann selbst $= -k$, falls dieser Winkel $0°$ beträgt; sie wächst theoretisch bei den zugrunde gelegten Vereinfachungen bezüglich des DARCY-Gesetzes und der kinetischen Energiehöhe bis unendlich, wenn der Winkel $90°$ beträgt. Bei lotrechter Sickerfläche ist $\bar{\mathfrak{v}} = -k\,\mathrm{tg}\,\gamma$.

Ist die Sickerlinie geradlinig, so ist ihr Bild in der w- (Hodographon-) Ebene auch eine Gerade:

$$k\sin\beta + u\cos\beta + v\sin\beta = 0\,.$$

Dies ist eine Gerade senkrecht zur Sickerlinie der z-Ebene, sie geht immer durch den Punkt $v = -k$, das ist der tiefste Punkt des unter 3 beschriebenen Hodographen-(Kreises). Da $\bar{v}_{s_1} = k\sin\beta$ ist, ist durch die Größe des zu irgendeinem Punkt der Sickerstrecke im Hodographen gezogenen Polstrahles die Grundwassergeschwindigkeit $\bar{\mathfrak{v}}$ im zugehörigen Abbildungspunkt der z-Ebene gegeben.

Die Abbildungen sind konform, also müssen in der z-Ebene und w-Ebene entsprechende Strom- und Potentiallinien die Sickerstrecke unter gleichen Winkeln schneiden (infolge der Spiegelung des Hodographen mit entgegengesetzten Vorzeichen-antikoform), d. h. wenn wir einen Polstrahl auf die Sickerstrecke ziehen, so ist er der Geschwindigkeitsvektor der zugehörigen Grundwasserströmung. Da aber die Sickerstrecke im Hodographen um $+\pi/2$ gedreht und noch gespiegelt ist, muß die zugehörige Stromlinie die Sickerstrecke im Hodographen im Schnittpunkt des betrachteten Geschwindigkeitsvektors unter einem Winkel schneiden, der zwischen ihr und Stromlinie $\left(\frac{\pi}{2} + \alpha\right)$ ist $\left(\text{zwischen }\bar{\mathfrak{v}}\right.$ und Stromlinie $\left.\left(\frac{\pi}{2} - 2\alpha\right).\right)$

Die im gleichen Punkt auftreffende Potentiallinie steht senkrecht dazu.

Graphisch wird das Verfahren so durchgeführt, daß der Hodographenursprung über den tiefsten Punkt der freien Oberfläche im Hodographen gespiegelt wird.

Vom neuen Pol werden Strahlen auf die Sickerstrecke gezogen. Diese Strahlen sind Tangenten an die Potentiallinien auf der Sickerstrecke. Die Stromlinien sind senkrecht dazu. Mit diesem Verfahren sind die Isoklinenwerte auf der Sickerstrecke im Hodograph genau und einfach zu ermitteln.

Schrifttum. HAMEL, G.: Über Grundwasserströmung. Z. angew. Math. Mech. Bd. 14 (1934) H. 3. — WEINIG, F., u. A. SHIELDS: Graphisches Verfahren zur Ermittlung der Sickerströmung durch Staudämme. Wasserkr. u. Wasserwirtsch. Jg. 31 (1936) H. 13.

E. Die Transformation des Hodographen in die Grundwasserströmungsebene.

1. Das allgemeine Verfahren.

Nach den früheren Ableitungen wird die Strömungsebene oder z-Ebene auf die Hodographenebene oder w-Ebene abgebildet durch die Funktion

$$w = u + iv = z' = \frac{d\xi}{dz} \, .$$

Umgekehrt ist:

$$z = x + iy = \int \frac{d\xi}{z'} = \int \frac{d\xi}{w} = \int \frac{d\xi}{u + iv} \, .$$

Ist ds die Länge des Bahnelementes in irgendeinem Punkte des Strömungsgebietes und unter dem Winkel α gegen die x-Achse geneigt, so ist

$$w = \frac{d\varphi}{ds} = \frac{\partial\varphi}{\partial y} \sin \alpha \, ,$$

da bei gleichem Potentialabfall und kürzerem Weg dy (Kathete) gegenüber ds (Hypothenuse) ohne $\sin\alpha$ ein größeres w (Geschwindigkeit) erzeugt würde. Ebenso gilt

$$w = \frac{d\varphi}{ds} = \frac{\partial\varphi}{\partial x} \cos \alpha \, .$$

Hieraus durch Umkehrung

$$y = \int \frac{\partial\varphi \sin \alpha}{w} \, ,$$

$$x = \int \frac{\partial\varphi \cos\alpha}{w} \, .$$

Es ist der Stromdurchfluß durch ein auf der Potentiallinie liegendes Längenelement dn:

$$d\psi = w\,dn = \frac{w\,dy}{\cos\alpha}$$

und

$$d\psi = w\,dn = \frac{w\,dx}{\sin\alpha} \, .$$

Hieraus durch Umkehrung

$$y = \int \frac{d\psi \cos \alpha}{w} \, ,$$

$$x = \int \frac{d\psi \sin \alpha}{w} \, ,$$

Zusammenstellung:

$$x = \int_{\varphi_1}^{\varphi_2} \frac{\cos\alpha}{w}\, d\varphi = \int_{\psi_1}^{\psi_2} \frac{\sin\alpha}{w}\, d\psi\,,$$

$$y = \int_{\varphi_1}^{\varphi_2} \frac{\sin\alpha}{w}\, d\varphi = \int_{\psi_1}^{\psi_2} \frac{\cos\alpha}{w}\, d\psi\,.$$

Hat man im Hodographen das Strom- und Potentialliniennetz, so kann es graphisch integriert werden, und damit wird das Strom- und Potentialliniennetz der Grundwasserströmung erhalten.

Integration des Stromlinien- und Potentialliniennetzes.

Die Stromlinienschar im Hodographen hat ihre Zahlenwerte, z. B.

$$\psi_0 = 0;\quad \psi_{\frac{1}{4}} = \tfrac{1}{4};\quad \psi_{\frac{1}{2}} = \tfrac{1}{2};\quad \psi_{\frac{3}{4}} = \tfrac{3}{4};\quad \psi = 1{,}0\,.$$

Die Potentiallinienschar wächst um die gleichen Werte

$$\varphi_{\mathrm{End}} = 0;\quad \varphi_1 = 0 + \tfrac{1}{4};\quad \varphi_2 = \tfrac{1}{2};\quad \varphi_3 = \tfrac{3}{4};\quad \varphi_4 = \tfrac{4}{4};\quad \varphi_5 = \tfrac{5}{4}\ \text{usw.}$$

Das Netz kann auf Grund der früheren Integrationen noch viel enger unterteilt werden. Man verfolgt die Bahn der zu intergrierenden Stromlinie im Hodographen. Dann trägt man auf die Abszisse eines Koordinatensystems mit $\varphi_{\mathrm{End}} = 0$ im Ursprung in einem beliebig gewählten Maßstab die Zahlenwerte für φ_1, φ_2 usw. mit gleichen Abständen vom Ursprung aus auf, d. h. man wickelt die auf der Strombahn auftretenden Potentialwerte zahlenmäßig (nicht streckenlängenmäßig) auf die Abszisse ab. Diese Abwicklung sollte mit möglichst feinen Unterteilungen erfolgen. Hierzu ist die Aufstellung der Verteilung von φ längs einer Stromlinie sehr nützlich, die bei der Ermittlung von φ aus dem Isoklinen-Isotachen-Netz schon hergestellt werden kann.

Nun greift·man in möglichst engen Abständen Punkte auf der Stromlinie im Hodographen heraus und zieht zu diesen Punkten den Polstrahl w. Der Polstrahl w bildet mit der Waagrechten den Winkel α. Man bildet für die betrachteten Punkte $\cos\alpha/w$ und $\sin/\alpha$. Diese Werte werden als Ordinaten aufgetragen über den Abszissen φ, deren zugehörige Punkte auf der Stromlinie mit den gerade betrachteten Punkten zusammenfallen. Da der Vektor „k" im Hodographen vorläufig gleich 1 gesetzt wird, ist der Maßstab für die übrigen Vektoren w gegeben. Zu den Kurven $\cos\alpha/w$ und $\sin\alpha/w$ werden die Integralkurven graphisch gebildet, man erhält

$$x = \int \frac{\cos\alpha}{w}\, d\varphi\,,$$

$$y = \int \frac{\sin\alpha}{w}\, d\varphi\,.$$

Zwei aufeinanderliegende Ordinatenwerte x und y der beiden Integralkurven sind die Koordinaten der Stromlinie in der Grundwasserströmung.

Die Ermittlung der Koordinaten der Potentiallinien erfolgt analog. Betrachtet wird dabei die Bahn einer Potentiallinie im Hodograph. Auf ihr ist die Verteilung von ψ maßgebend. Man kann sich aber diese Integration ersparen, wenn man

die Schnittpunkte der Potentiallinien mit den Stromlinien im Hodograph auf-
sucht. Die Koordinaten x und y des transformierten Punktes sind in der Strom-
linienintegration leicht aufzufinden. Die Verbindungslinien der entsprechend
transformierten gleichwertigen Schnittpunkte ergeben die Potentiallinien der
Grundwasserströmung.

Im allgemeinen ist die ganz genaue Verteilung der Strom- und Potentiallinien
in der Grundwasserströmungsebene nicht so wissenswert wie die genaue Verteilung der Strom- und Potentiallinien auf dem Rand (Grabenein- und -austritt,
Sickerstrecke, Randstromlinien usw.). Wenn man die Randwerte mit größter
Genauigkeit ermittelt hat, kann man durch Fortsetzung der Linien im Feld
und unter Beachtung ihrer Quadrateigenschaft die Strömung genügend genau
darstellen. Ein in der Grundwasserströmungsebene entworfenes Isoklinen-
Isotachen-Netz ergänzt diese Bilder.

Als Koordinatenursprung für die einzelnen Linien im Grundwasserströmungsbereich gilt immer derjenige transformierte Punkt der entsprechenden Hodo-
graphenlinie, bei dem die Integration begonnen wurde.

Die einzelnen Linien unter sich stehen noch in keinem Zusammenhang.

Dieser Zusammenhang wird durch eine weitere Integration hergestellt.

Man zieht dazu

α) eine Randpotentiallinie oder

β) die Sickerstrecke heran.

Zu α) Durch die Randpotentiallinie geht der Strom ψ durch. Bekannt ist
auf ihr im Hodograph die Verteilung von ψ, dazu die Geschwindigkeiten der
einzelnen Stromelemente für die Grundwasserströmung (Geschwindigkeitsvektoren). Nun ist für die Grundwasserströmung die Länge S_{φ_0} der Endpotentiallinie

$$d S_{\varphi_0} w = d\psi,$$

$$S_{\varphi_0} = \int\limits_{\psi=0}^{\psi=\psi} \frac{d\psi}{w}.$$

(Integration über die Länge S'_{φ_0} der Endpotentiallinie im Hodograph.)

Man trägt auf der Abszisse eines Koordinatensystems in irgendeiner Ein-
heit $\psi = 1$ auf und unterteilt die Strecke in ψ/n. Diese ψ/n sucht man im Hodograph auf $\varphi = 0$ auf und stellt den Geschwindigkeitsvektor w, d. h. die Länge
des Polstrahles bis zu den entsprechenden Punkten ψ/n fest.

$1/w$ wird als Ordinate über den zugehörigen Punkten aufgetragen und $\int\limits_{\psi=0}^{\psi=\psi} \frac{d\psi}{w}$
gebildet. Die Endordinate der Integralkurve stellt die Streckenlänge von
$\varphi = 0\,(S_{\varphi_0})$ im Grundwasserströmungsbild dar. Aus der Integralkurve kann
man auch Teillängen und ihren zugehörigen Durchfluß entnehmen.

Zu β) Die Sickerstrecke kann allein oder in Verbindung mit einer Endpotentiallinie auftreten. Die letztere wird wie unter α) behandelt.

Die Stromlinien treffen auf der Sickerstrecke in der Grundwasserströmung
unter einem Winkel α auf. Im Hodographen wird dieser Winkel α durch den
Winkel zwischen Polstrahl w zum Abbildungspunkt und der Waagrechten angegeben.

Die Geschwindigkeitskomponente senkrecht zur Sickerstrecke in der Grundwasserströmung ist bei lotrechten Sickerstrecken (z-Ebene)

$$w \cos \alpha.$$

Die Länge der Sickerstrecke S_{s_i} ermittelt sich aus

$$d\,S_{s_i} w \cos \alpha = d\psi,$$

$$S_{s_i} = \int\limits_{\psi = \psi_1}^{\psi = \psi} \frac{d\psi}{w \cos \alpha}.$$

Im allgemeinen ist

$$S_{s_i} = \int\limits_{\psi = \psi_1}^{\psi = \psi} \frac{d\psi}{w \cos \alpha \sin \beta},$$

wo β der Winkel zwischen Sickerstrecke und der Waagrechten der z-Ebene ist.

Das weitere Verfahren ist analog dem unter α) beschriebenen. Aus dem Hodograph muß man noch den auf die Sickerstrecke entfallenden Anteil von ψ und den auf die Endpotentiallinie entfallenden Anteil von ψ entnehmen, was aus dem Stromliniennetz bzw. seiner Ermittlung sich ergibt. Diese Anteile von ψ werden in einer zu wählenden Einheit mit Unterteilungen ψ/n als Abszissenlängen für die Integrationen aufgetragen.

Auf den so ermittelten Sickerstrecken und Endpotentiallinien der Grundwasserströmung sucht man die Punkte aus der Integralkurve auf, durch die die Strom- bzw. Potentiallinien gehen. Damit hat man die Koordinatennullpunkte und den Zusammenhang des Strömungsnetzes festgelegt.

Das Strömungsnetz muß wieder aus krummlinigen Quadraten bestehen.

2. Berücksichtigung des k-Beiwertes.

Man hat zweckmäßigerweise dem Gesamtstrom des Hodographen den Wert $\psi = 1$ zugeteilt. Die Durchlässigkeit k wurde dort auch mit 1 angenommen. Mit diesen Werten ergaben sich Koordinaten x und y als Zahlengrößen. Man muß sich nun für das CGS-System oder für das technische Maßsystem entscheiden. Im ersten Fall sind die Koordinaten in cm, die Wassermenge als $1\,\mathrm{cm^3/sec}$ und die Schichtdicke als 1 cm gegeben; im zweiten Fall x und y in m, q als $1\,\mathrm{m^3/sec}$ und die Schichtdicke als 1 m.

Die Modellähnlichkeit ist linear.

Ist beim gleichen geometrischen Strömungsbild q nicht gleich 1, sondern gleich q_a, so muß sich k entsprechend geändert haben, oder die Koordinaten werden bei gleichbleibendem k zu $x q_a$ und $y q_a$. Ist k nicht gleich 1, sondern gleich k_a, so muß sich q entsprechend geändert haben, oder die Koordinaten werden zu x/k_a und y/k_a bei gleichbleibendem q, was leicht einzusehen ist.

Ändern sich $q = 1$ und $k = 1$ in q_a und k_a, dann werden die Koordinaten (aus $q = 1$; $k = 1$) zu

$$x \frac{q_a}{k_a} \quad \text{und} \quad y \frac{q_a}{k_a}.$$

q/k stellt also den Maßstab des Strömungsbildes dar.

3. Kritik des Isotachen-Isoklinen-Verfahrens einschließlich der Hodographen-Integration.

Grundbedingung für das Gelingen der Aufgabe ist der Entwurf eines einwandfreien Isotachen-Isoklinen-Netzes. Für die Netzteilung muß man noch eine zulässige Grenze nach oben und eine noch genügende Grenze nach unten finden. Nach den durchgearbeiteten Vergleichsuntersuchungen genügt dafür der Netzabstand im Wert von arc $5°$. Nun gibt es aber Netze mit mehreren singulären Punkten. Diese singulären Punkte sind von den Randbedingungen abhängig. Ihr Wert liegt eindeutig fest. D. h. der Ort braucht nicht auf einer Isoklinen mit runden $5°$ zu liegen. Daß die Singularität vorhanden ist, weiß man, und so ist man unbewußt bestrebt, den singulären Punkt in das arc $5°$-Netz einzubeziehen. Derartige und ähnliche Überlegungen bringen in das Netz häufig kleine Abweichungen hinein. Die erste Kontrolle ist das gleiche Zahlenergebnis der ψ-Ermittlung auf den verschiedenen Integrationswegen. Die zweite Kontrolle ist das Entstehen eines krummlinigen Quadratnetzes nach Ermittlung der φ-Linien. Gegebenenfalls können hier kleinere Abweichungen — entstanden zum Teil durch nicht fein genug unterteilte graphische Integration — ausgeglichen werden, damit ein einwandfreies Netz entsteht. Aus einem einwandfreien Hodographennetz läßt sich bei genügend feiner graphischer Integration das Grundwasserströmungsnetz ohne in der Zeichnung erkennbaren Fehler gewinnen.

Für das Beispiel Nr. 7, das durch eine funktionentheoretische Untersuchung exakt überprüft wurde, wurde absichtlich ein nicht ganz genaues Netz entworfen. Bei einem Punkt, der etwa 10 cm von der Senke entfernt auf der freien Oberfläche liegt ($q/k = 1$ cm), trat eine Abweichung von 2 mm als Höchstfehler auf. Die Abweichung konvergiert aber sofort wieder zur exakten Lösung, was aus einem Vergleich der Integralkurven zu ersehen ist. In Prozenten auf die exakte Ordinate umgerechnet, beträgt der Höchstfehler 2,7 %. Man muß dabei bedenken, daß sich eine freie Oberfläche derartiger Strömungen an der Kapillarzone häufig auf eine derartige Genauigkeit gar nicht einmessen läßt, da sie ihre Lage bei den geringsten physikalischen Zustandsänderungen um ähnliche Beträge ändern kann.

Auch eine mathematische Kontrolle sieht sich theoretisch sehr einfach an, wenn die Abbildungsfunktion abgeleitet ist. Bei der numerischen Durchrechnung hat man aber häufig unzählige Gleichungen 4. und höheren Grades zu lösen, und da ist man wieder auf graphische Verfahren mit gröberen oder feineren Ergebnissen angewiesen, je nach der zur Verfügung stehenden Zeit.

Über die aufzuwendende Zeit seien noch einige Ausführungen gestattet. Bei einfachen Strombildern mit gegebenen Rändern kann man in wenigen Stunden ein Ergebnis erhalten.

Bei schwierigen Grundwasserströmungsaufgaben mit freier Oberfläche und Sickerstrecken muß man bei einiger Übung schon mit 100 und mehr Arbeitsstunden rechnen. Eine mathematische Ermittlung, sofern überhaupt noch möglich, benötigt dann aber Wochen und Monate Arbeitszeit.

F. Beispiele für Quell-Senkenströmungen, Eckströmungen und ähnliche (Abb. 8—17).

In nächster Nähe von singulären Punkten und Eckpunkten des Isotachen-Isoklinen-Netzes können folgende exakt ermittelte Grundbeispiele genügend genau übernommen werden.

Dabei ist bei den Strömungen in oder um Ecken zu beachten: Wenn α der Winkel der Ecke ist, in dem die Strömung stattfindet, und zwar in Teilen von π ausgedrückt,

$$\alpha = \frac{\pi}{n},$$

dann ist die Abbildungsfunktion der betreffenden Strömung

$$\xi = z^n.$$

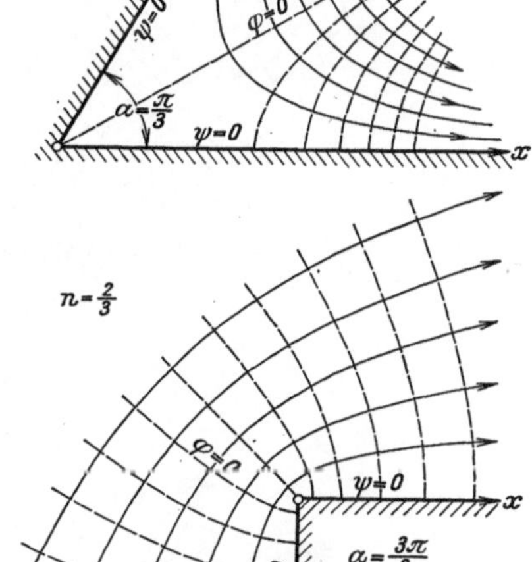

Abb. 8 u. 9.

Für x und y Polarkoordinaten r, δ eingeführt, gibt:

$$\varphi + i\psi = r^n(\cos\delta + i\sin\delta)^n$$
$$= r^n\cos n\delta + ir^n\sin n\delta,$$

hieraus

$$\varphi = r^n\cos n\delta,$$
$$\psi = r^n\sin n\delta.$$

Die Winkelhalbierende stellt eine Potentiallinie dar, die beiden Schenkel des Winkels α sind Randstromlinien (auch symbolisch zu verstehen).

Längs der Winkelhalbierenden $\alpha = \pi/2n$ als Potentiallinie ist

$$\psi = r^n\sin\frac{n\pi}{2n} = r^n;$$

längs des einen Schenkels mit $\alpha = 0$ ist

$$\varphi = r^n\cos n \cdot 0 = r^n.$$

D. h. auf der Winkelhalbierenden geht in der Entfernung r die Stromlinie $\psi = r^n$ durch. Ähnlich bei φ. Für alle Winkel $\alpha < \pi$ ist die Geschwindigkeit der Strömung in der Ecke = Null. Diese Ecken stoßen die Stromlinien ab. Für $\alpha > \pi$ ist die Geschwindigkeit im Endpunkt unendlich groß. Diese Ecken ziehen die Stromlinien an.

Schrifttum. PRÁŠIL, FR.: Technische Hydrodynamik, S. 170ff. Berlin: Springer 1926.

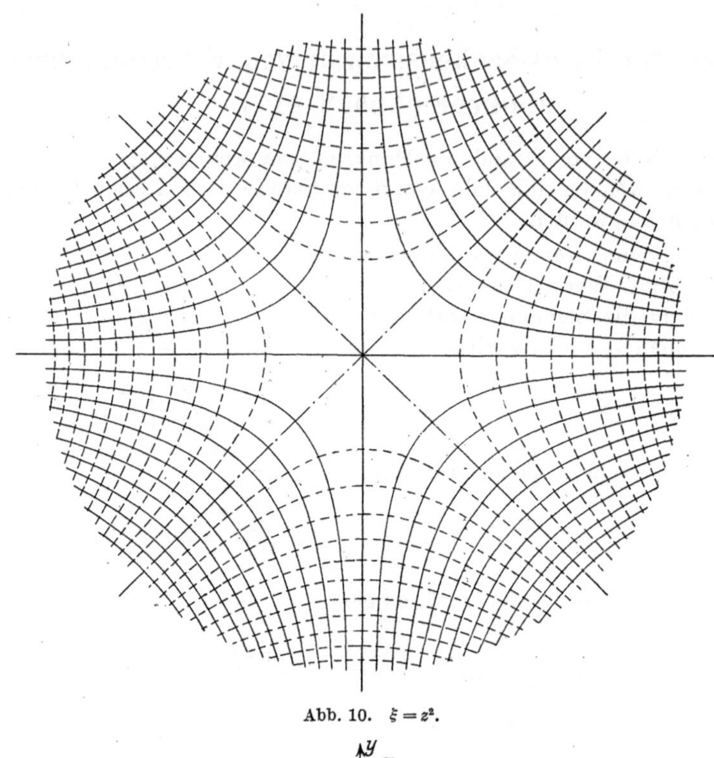

Abb. 10. $\xi = z^2$.

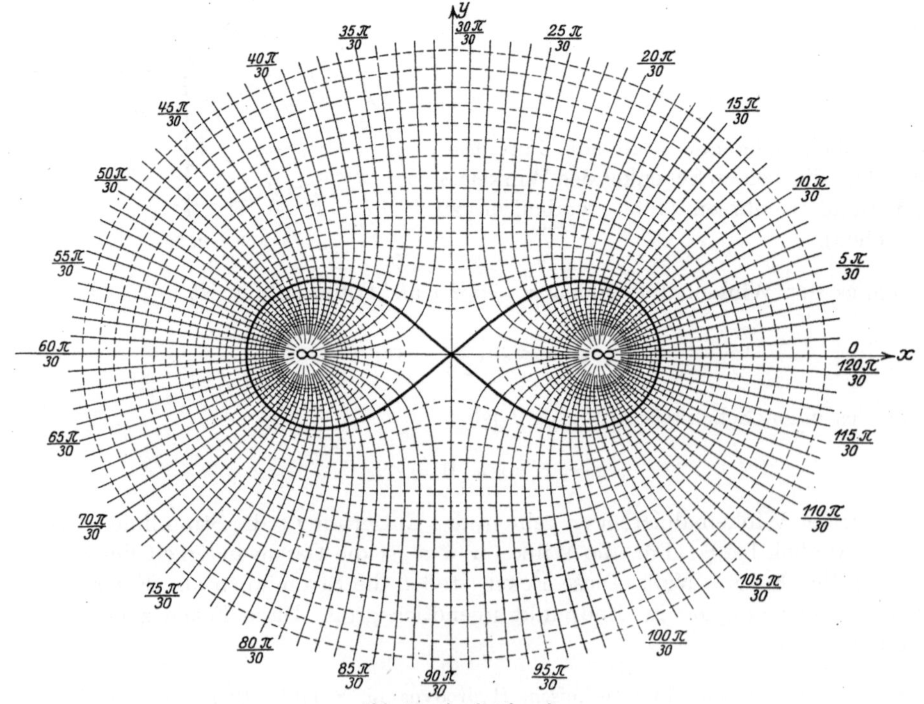

Abb. 11. $\xi = \ln(z^2 - a^2)$.

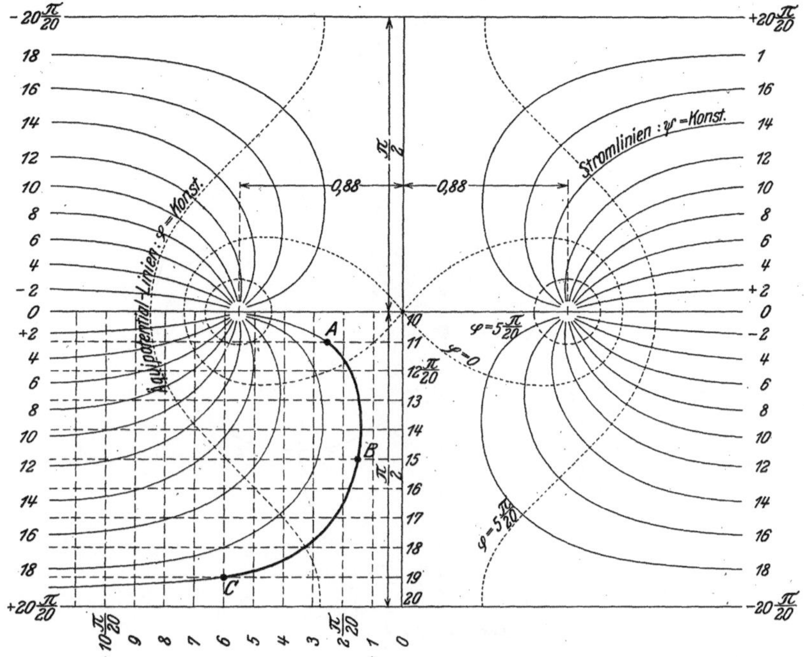

Abb. 12. $w = \ln[(i\cos\xi)^2 - a^2]$.

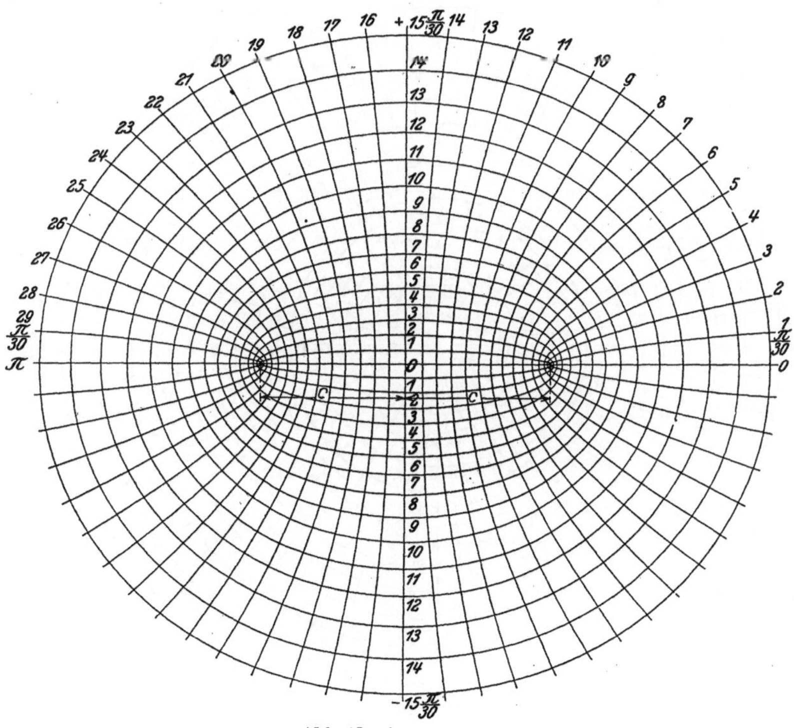

Abb. 13. $\xi = \arc\cos z$.

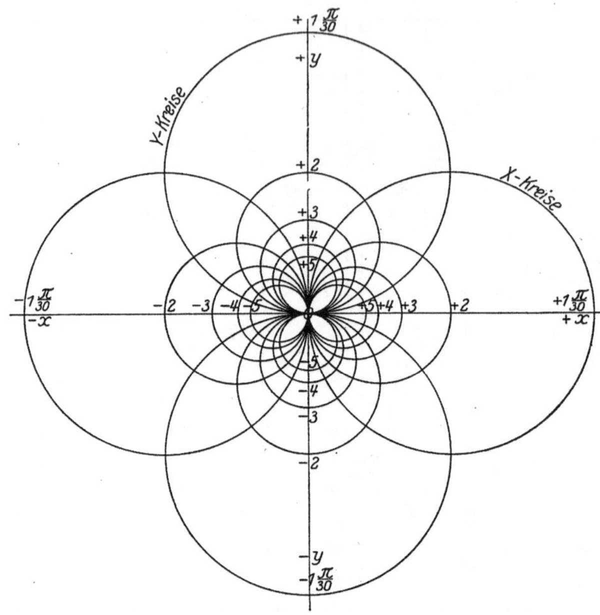

Abb. 14. $\xi = \dfrac{1}{z}$.

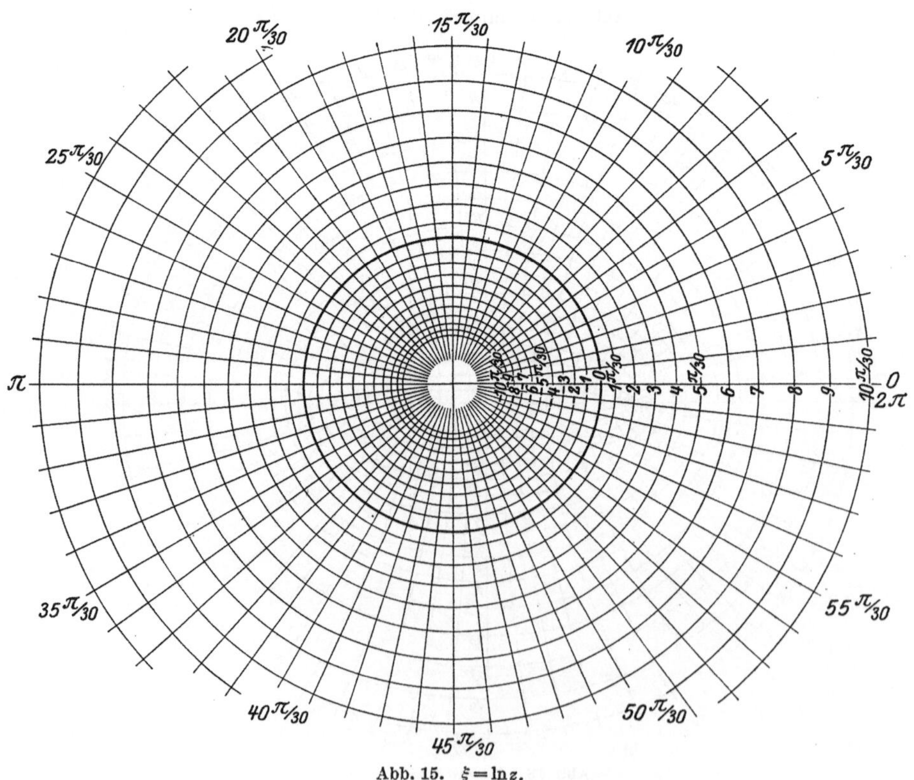

Abb. 15. $\xi = \ln z$.

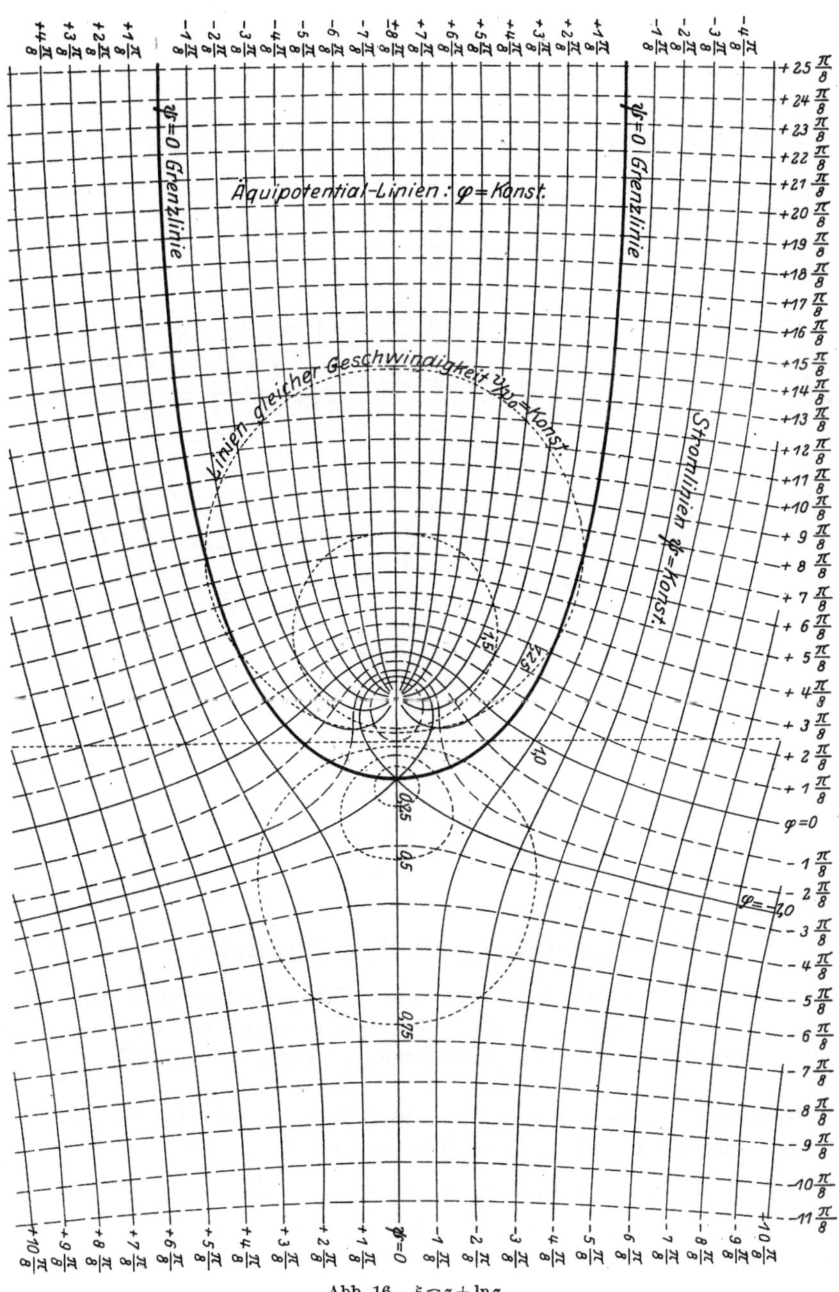

Abb. 16. $\xi = z + \ln z$.

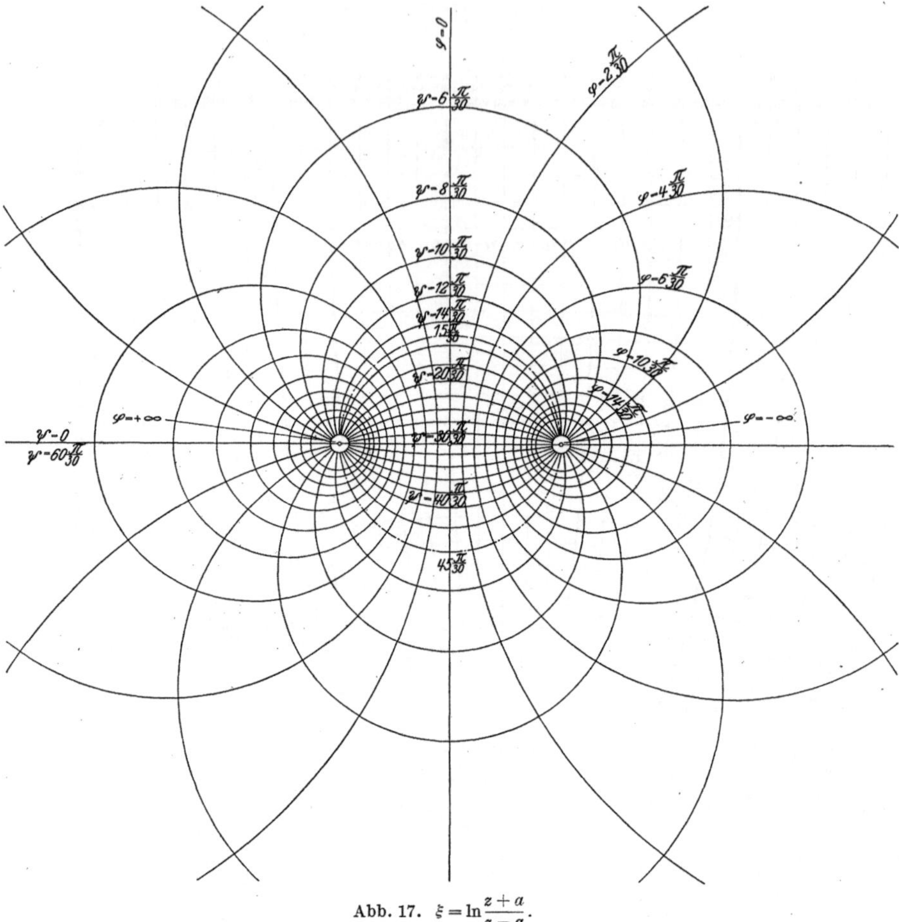

Abb. 17. $\xi = \ln \dfrac{z+a}{z-a}$.

II. Anwendungen der Theorie.

Im vorliegenden Teil werden verschiedene Beispiele mit dem Isotachen-Isoklinen-Verfahren behandelt. Weitere Beispiele werden mathematisch durchgerechnet, soweit dabei einfachere Funktionen in Frage kommen.

1. Grundwasserstrom über waagrechter Sohle mit Schlitz in der Sohle (Abb. 18); ferner Abb. 47—68, S. 98—105.

a) Aufstellung des Hodographenrandes.

Hier sind die Grundsätze von I., D zu berücksichtigen. Grundbedingung bei jeder konformen Abbildung ist, daß der Bereich beim Umfahren in gleicher Reihenfolge bei beiden Abbildungen immer entweder nur zur Rechten bzw. nur zur Linken bleibt. Der Hodograph muß sich genau wie der Grundwasserströmungsbereich schließen. Da der Hodograph nach einer früheren Festlegung die gespiegelte konforme Abbildung ist, entspricht sich hier und nur hier der Umfahrungssinn rechts-links.

Man entwirft sich ein ungefähres Bild der Grundwasserströmung. Im Hodograph (Abb. 19) zeichnet man den Halbkreis vom Durchmesser $k = 1$ ein, der das Bild der freien Oberfläche ist. Der Punkt A fällt damit in den Pol, denn bei A als unendlich fernem Punkt der z-Ebene ist $v = 0$. Die waagrechte Randstromlinie BC wird zum waagrechten Geschwindigkeitsvektor $\overline{OC}$. Da Punkt B in der z-Ebene im ∞ wie A liegt, und dort $v = 0$ ist, fällt er in der w-Ebene mit $v = 0$ in den Pol. Bei C ist $v = \infty$, da

Abb. 18.

die Stromlinie um $-\pi/2$ abbiegt. Damit fällt C in den unendlich fernem Punkt der w-Ebene. CD ist Potentiallinie. Auf ihr stehen die Stromlinien senkrecht. Also sind die Geschwindigkeitsvektoren der Punkte zwischen C und D Lotrechte. Die Geschwindigkeitsvektoren gehen in der w-Ebene vom Pol aus, also fallen sie in ihrer Lage alle mit der negativen Ordinate zusammen. Bei D tritt die freie Oberfläche ein, sie ist dort lotrecht geneigt. Damit wird $v = k \sin 90° = k$. Somit fällt D im Hodograph mit dem tiefsten Punkt des Halbkreises zusammen. Der Punkt C ist im Hodograph als unendlich ferner Punkt festgelegt.

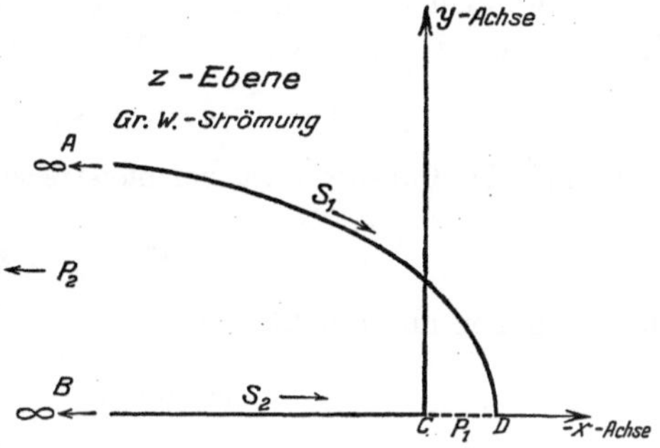

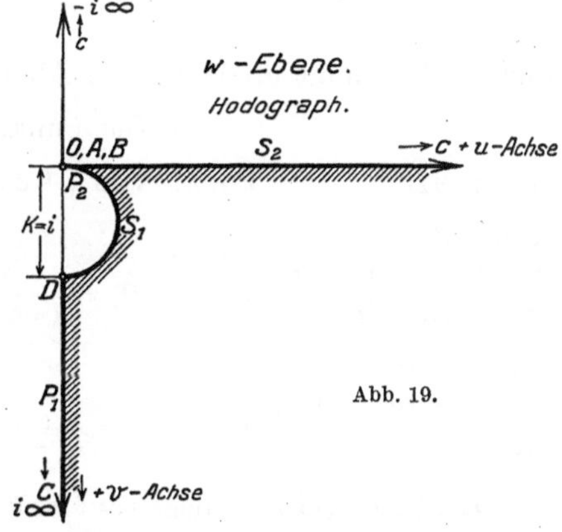

Abb. 19.

Beim Umfahr n im Sinn $ABCDA$ liegt das Gebiet in der z-Ebene dauernd zur Linken, im Hodograph dauernd zur Rechten. z-Bereich und w-Bereich schließen sich entsprechend.

b) Ableitung der Abbildungsfunktion.

Wir müssen nun suchen, den bekannten Bereich der w-Ebene (Hodograph) auf den Rechtecksbereich der ξ-Ebene (Strom- und Potentialfunktionsebene) (Abb. 20) abzubilden. Der Rand des Rechtecks in der ξ-Ebene wird aufgestellt: A liegt in der z-Ebene im ∞, also muß es ein ∞ großes Potential haben, da ja die freie Oberfläche dauernd steigt und $\varphi = -kh$ ist. Dann muß aber auch B ein ∞ großes Potential haben, C und D liegen auf $\varphi = 0$. Alle Strom- und Potentiallinien sind

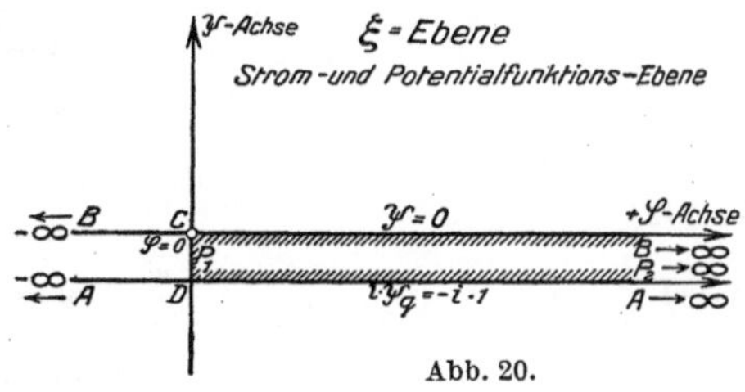

Abb. 20.

gerade in der ξ-Ebene. Der Umfahrungssinn von z-Ebene und ξ-Ebene ist der entsprechende. Wenn der Rand abgebildet ist, ist ja nach CAUCHY auch das

Innere festgelegt. Man probiert alle möglichen Funktionen durch, bis eine passende gefunden ist. (Im mathematischen Schrifttum bieten sich viele solche Untersuchungen als Beispiele.) Man setzt

$$w = \sin\xi; \quad \cos\xi; \quad \mathfrak{Sin}\,\xi, \quad \ln\xi \text{ usw.}$$

Eine einfache Funktion ist beispielsweise

$$w = \frac{1}{\xi}; \quad \xi = \frac{1}{w}.$$

Sie soll näher untersucht werden.

z-Ebene	w-Ebene	ξ-Ebene
Punkt A	0	$\pm\infty$
„ B	0	$\pm\infty$
„ D	$(0 + i\cdot 1) = \dfrac{1}{(0 - i\cdot 1)} = i\cdot 1$	$(0 - i\cdot 1) = \dfrac{1}{(0 + i\cdot 1)} = -i\cdot 1$
„ C	$(\pm\infty \pm i\cdot\infty)$	0

Punkt D bestimmt eindeutig die Abbildung.

Die Punkte stimmen.

Linie AB Punkt wird $(+\infty)$ Punkt

Linie BC
enthält die Punkte von den Koordinaten
$$(u + i\cdot 0) = \frac{1}{(+\varphi + i\cdot 0)} \qquad \frac{1}{(u + i\cdot 0)} = \frac{1}{u} = (+\varphi + i\cdot 0)$$

Linie CD:
ihre Punkte haben die Koordinaten
$$(0 + iv) = \frac{1}{(0 - i\psi)} = \frac{i}{\psi} \qquad \frac{1}{(0 + iv)} = -\frac{1}{v} = (0 - i\psi)$$

Linie DA: In der ξ-Ebene liegen auf ihr die Punkte mit den Koordinaten: $(\varphi - i\cdot 1)$. Nun ist

$$\xi = (\psi - i\cdot 1) = \frac{1}{w} = \frac{1}{(u + iv)}$$

oder:

$$1 = u\varphi - iu + i\varphi v + v.$$

Nach der Theorie müssen reelle und imaginäre Glieder rechts und links der Gleichung sich je entsprechen bzw. die Summe der reellen und die Summe der imaginären Glieder für sich je $= 0$ sein.

$$u\varphi + v - 1 = 0, \tag{1}$$

$$u - \varphi v = 0. \tag{2}$$

Aus (2)
$$\varphi = \frac{u}{v},$$

in (1)
$$\frac{u^2}{v} + v - 1 = 0,$$

$$u^2 + v^2 - v = 0.$$

Diese Gleichung enthält die Punkte in der w-Ebene, die auf der Geraden DA in der ξ-Ebene liegen.

Die Gleichung läßt sich umformen zu

$$u^2 + (v - \tfrac{1}{2})^2 = \tfrac{1}{4} \, .$$

Das ist die Gleichung eines Kreises mit dem Mittelpunktskoordinaten

$$u = 0; \quad v = +\tfrac{1}{2} \, ,$$
$$\text{Halbmesser} = \tfrac{1}{2} \, .$$

Damit ist der Rand des Bereichs der ξ-Ebene auf den Rand des Bereichs der w-Ebene abgebildet, damit auch das Bereichsinnere mit der Funktion

$$\xi = \varphi + i\psi = \frac{1}{w} = \frac{1}{u + iv} \, .$$

c) Integration des Hodographen.

Diese erfolgt mit der bekannten Formel:

$$z = x + iy = \int \frac{d\xi}{w} = \int \frac{d(\varphi + i\psi)}{(u + iv)} \, ,$$
$$z = \int \frac{d\xi}{1/\xi} \, ; \quad \text{da} \quad w = \frac{1}{\xi} \, ,$$
$$z = \int \xi \, d\xi = \tfrac{1}{2}\,\xi^2 \, .$$

Diese Funktion bildet die Strom- und Potentialfunktionsebene auf die Grundwasserströmungsebene ab.

d) Aufstellung der Gleichungen für Strom- und Potentiallinien.

Es ist:
$$z = x + iy = \tfrac{1}{2}(\xi)^2 = \tfrac{1}{2}(\varphi + i\psi)^2 \, ,$$
$$x + iy = \tfrac{1}{2}\varphi^2 + i\varphi\psi - \tfrac{1}{2}\psi^2 \, ,$$
$$x - \tfrac{1}{2}\varphi^2 + \tfrac{1}{2}\psi^2 + i(y - \varphi\psi) = 0 \, .$$

$$\text{Reell} = 0. \qquad\qquad \text{Imaginär} = 0.$$

$$x - \tfrac{1}{2}\varphi^2 + \tfrac{1}{2}\psi^2 \qquad\qquad = 0 \, , \tag{1}$$
$$y - \varphi\psi \qquad\qquad = 0 \, , \tag{2}$$

---

aus (2)
$$\psi = \frac{y}{\varphi} \, ,$$

in (1)
$$x - \frac{1}{2}\varphi^2 + \frac{1}{2}\frac{y^2}{\varphi^2} = 0 \, ,$$
$$\varphi^2 x - \tfrac{1}{2}\varphi^4 + \tfrac{1}{2}y^2 = 0 \, ,$$
$$y^2 = -2\,\varphi^2 x + \varphi^4 \, ,$$
$$\boldsymbol{y^2 = \varphi^2(\varphi^2 - 2x) \, .}$$

Gleichung der Potentiallinien.

aus (2)
$$\varphi = \frac{y}{\psi} \, ,$$

in (1)
$$x - \frac{1}{2}\frac{y^2}{\psi^2} + \frac{1}{2}\psi^2 = 0 \, ,$$
$$2x\psi^2 - y^2 + \psi^4 = 0 \, ,$$
$$\boldsymbol{y^2 = \psi^2(\psi^2 + 2x) \, .}$$

Gleichung der Stromlinien.

Setzen wir nun einzelne konstante Werte der ξ-Ebene ein:

$$\varphi \text{ zwischen } 0 \text{ und } + \infty,$$

$$\psi \text{ zwischen } 0 \text{ und } -1,$$

dann erhalten wir die Gleichungen der in die z-Ebene transformierten Potential- und Stromlinien mit der entsprechenden Wertigkeit.

Diskussion der Gleichungen (s. Abb. 48, S. 98).

Die Gleichungen sind vom Aufbau

$$y^2 = 2px + p^2.$$

Das sind zwei Parabelscharen (Orthogonaltrajektorien), deren gemeinsamer Brennpunkt im Ursprung liegt und deren Achse mit der x-Achse zusammenfällt.

Die Gleichung der freien Oberfläche ($\psi = -1$; $k = 1$) ist:

$$y^2 = 2x + 1.$$

Bei einem anderen Verhältnis von q/k wird die Ordinate

$$y = \sqrt{2x + 1}$$

zu

$$y = \sqrt{\frac{q}{k}\left(2x + \frac{q}{k}\right)},$$

hieraus

$$y^2 = \frac{q}{k}\left(2x + \frac{q}{k}\right).$$

Diese Formel entspricht im Aufbau der von DUPUIT auf Grund praktischer Überlegungen erhaltenen Formel für Zuströmung über waagrechter Sohle zu einem lotrechten Graben. Die DUPUITsche Formel ist nicht einwandfrei abgeleitet, da die Randbedingungen der Grabenwand nicht beachtet sind. Wie sich in den späteren Untersuchungen herausstellt, ist sie unter Umständen eine gute Näherungsformel. DUPUIT hatte die Geschwindigkeiten in einer Lotrechten in den einzelnen Punkten als gleich groß vorausgesetzt und kam damit mit anderen (falschen) Bedingungen zum gleichen Ergebnis wie oben.

Um die Geschwindigkeiten in Richtung der Stromlinien zu erhalten, differenziert man die Potentialfunktion φ nach x und y.

$$y^2 = \varphi^2(\varphi^2 - 2x),$$

$$\varphi^4 - 2\varphi^2 x - y^2 = 0,$$

$$\varphi^2 = x \pm \sqrt{x^2 + y^2},$$

$$\varphi = \pm \sqrt{x + \sqrt{x^2 + y^2}}.$$

Die Geschwindigkeitskomponenten sind:

$$u = \frac{\partial \varphi}{\partial x}; \qquad v = \frac{\partial \varphi}{\partial y},$$

$$u = \frac{x + \sqrt{x^2 + y^2}}{2\sqrt{x^2 + y^2} \cdot \sqrt{x + \sqrt{x^2 + y^2}}},$$

$$v = \frac{y}{2\sqrt{x^2 + y^2} \cdot \sqrt{x + \sqrt{x^2 + y^2}}}.$$

Setzt man Polarkoordinaten ein, r und γ, so ist die resultierende Geschwindigkeit in Richtung der Stromlinien

$$|\mathfrak{v}| = \sqrt{u^2 + v^2} = \sqrt{\frac{r^2 + r^2\cos^2\gamma + 2r^2\cos\gamma + r^2\sin^2\gamma}{4\,r^2(r\cos\gamma + r)}}\,,$$

$$|\mathfrak{v}| = \sqrt{\frac{1}{2r}}\,, \qquad r = \sqrt{\frac{1}{2\mathfrak{v}^2}}\,,$$

d. h. der geometrische Ort der Punkte gleicher Geschwindigkeitsgröße (Isotachen) ist eine konzentrische Kreisschar. Als zweites suchen wir die Punkte gleicher Geschwindigkeitsrichtung (Isoklinen) auf:

Dazu stellen wir die Gleichung der Tangentenrichtung an die Stromlinien auf.

$$y^2 = \psi^2(\psi^2 + 2x)\,, \qquad \text{Gleichung der Stromlinien,}$$

$$y = \psi\sqrt{\psi^2 + 2x}\,,$$

$$\frac{dy}{dx} = \frac{2\psi^2}{2\psi\sqrt{\psi^2 + 2x}}\,, \qquad\qquad \text{Tangentenrichtung,}$$

$$\frac{dy}{dx} = \operatorname{tg}\nu\,. \qquad\qquad \nu = \text{Winkel mit der } x\text{-Achse.}$$

Für eine Isokline ist

$$\frac{dy}{dx} = \operatorname{tg}\nu = \text{const} = \frac{\psi}{\sqrt{\psi^2 + 2x}}\,,$$

$$x = \frac{\psi^2}{2\operatorname{tg}^2\nu} - \frac{\psi^2}{2} = \frac{\psi^2}{2}\left(\frac{1}{\operatorname{tg}^2\nu} - 1\right). \tag{a}$$

Aus der Stromliniengleichung ergibt sich

$$\psi^4 + 2\psi^2 x - y^2 = 0\,,$$

$$\psi^2 = \left[-x \pm \sqrt{x^2 + y^2}\right],$$

$$\psi = \sqrt{-x \pm \sqrt{x^2 + y^2}}\,. \tag{b}$$

(b) in (a) eingesetzt:

$$x = -\frac{1}{2}\left[\frac{1}{\operatorname{tg}^2\nu} - 1\right]\left(x - \sqrt{x^2 + y^2}\right),$$

hieraus

$$x^2 + y^2 = \frac{4x^2}{\left[\dfrac{1}{\operatorname{tg}^2\nu} - 1\right]^2} + x^2 + \frac{4x^2}{\left[\dfrac{1}{\operatorname{tg}^2\nu} - 1\right]}\,,$$

$$y^2[\operatorname{ctg}^2\nu - 1]^2 = 4x^2(1 + [\operatorname{ctg}^2\nu - 1])\,,$$

$$y = 2x\,\frac{1}{(\operatorname{ctg}^2\nu - 1)}\operatorname{ctg}\nu\,.$$

Gleichung der Isoklinen.

Für eine bestimmte Isokline ist $\nu = \text{const}$, also stellt die Gleichung eine Ursprungsgerade dar.

$$y = x\,\frac{2\operatorname{tg}\nu}{(1 - \operatorname{tg}^2\nu)}\,,$$

da

$$\operatorname{tg}2\nu = \frac{2\operatorname{tg}\nu}{(1 - \operatorname{tg}^2\nu)}\,.$$

ist, ist der Winkel, den die Isokline mit dem Wert $\operatorname{arc}\nu^\circ$ mit der x-Achse bildet, gleich 2ν.

Die Isotachen und Isoklinen der Grundwasserströmung in der z-Ebene sind Ursprungsgerade und konzentrische Kreisscharen für den vorliegenden Fall.

Ihre Transformation in den Hodographen mit der Funktion

$$w = \frac{d\xi}{dz} = \frac{1 \cdot 2}{2\sqrt{2z}} = \frac{1}{\sqrt{2z}}$$

ergibt wieder Isotachen und Isoklinen als Ursprungsgerade und konzentrische Kreisscharen, allerdings in anderer Anordnung.

		z-Ebene	w-Ebene
Isotache für $v = 0$		Kreis; $r = \infty$	Kreis; $r = 0$
„ „ $v = \infty$		„ $r = 0$	„ $r = \infty$
„ „ $v = 1$		„ $r = \tfrac{1}{2}$	„ $r = 1$

Die Isoklinen treten im Wert $\mathrm{arc}\, v^\circ$ auf, die Isotachen, wie früher nachgewiesen, im Wert $\ln v$. Ihre wertmäßige Zunahme muß bei Quadratnetzen gleich sein.

Ist q/k nicht gleich 1, so ist für v am geometrisch ähnlichen Punkt zu setzen vk und für den Halbmesser im Hodographen $r = rk$, für den Halbmesser in der Grundwasserströmung $r = rq/k$, das v wird am geometrisch ähnlichen Punkt zu vk.

Eine weitere Besonderheit der vorliegenden Abbildungsfunktion ist, daß die Isotachen und Isoklinen der transformierten Bildströmung im Hodographen, als Ursprungsströmung betrachtet, wieder konzentrische Kreise und Ursprungsgerade und deren Abbildung durch $d\xi/dw$ usw. wieder solche sind, allerdings edesmal anders angeordnet.

e) Ermittlung der Hodographenströmung mit dem Isotachen-Isoklinen-Verfahren.

Aus dem aufgestellten Hodographen sind die beiden Randstromlinien $S_1 =$ transformierter freier Oberfläche mit $\psi = 1$, $S_2 =$ transformierter Strömung entlang der undurchlässigen Schicht mit $\psi = 0$, die beiden Randpotentiallinien P_1 $=$ transformiertem Schlitz mit $\varphi = 0$, $P_2 =$ transformierter unendlich ferner Potentiallinie mit $\varphi = \infty$ zu ersehen. P_2 ist Quellpotentiallinie $\varphi = \infty$. Man zeichnet von dort ausgehend ungefähr den Strömungsverlauf zwischen S_1 und S_2 ein; alle Stromlinien stehen auf P_1 senkrecht. Man bestimmt auf den Linien die Punkte gleicher Tangentenrichtung $\mathrm{tg}\, v^\circ$, verbindet sie als Isoklinen $\mathrm{arc}\, v^\circ$ und zieht die Orthogonalschar der Isotachen dazu. Nach genügender Verbesserung liegt das Quadratnetz der Isotachen-Isoklinen für die Strömung in der w-Ebene vor. Besondere Schwierigkeiten treten keine auf. Der Isotache, die durch den untersten Punkt des Halbkreises geht, legen wir den Wert $v_1 = 1$ bei. Zum Quellpunkt zu steigt v beim Netzabstand $\mathrm{arc}\, 5^\circ$ im Verhältnis $v_2 = v_1 e^{\mathrm{arc}\, 5^\circ}$.

Vom Quellpunkt weg fällt v im Verhältnis

$$v_{-2} = v_1 e^{\mathrm{arc}\,(-5^\circ)}.$$

Zur Ermittlung von ψ werden verschiedene Integrationswege s mit Richtungswinkel v_s festgelegt, die aus Abb. 49 S. 99 zu ersehen sind. Mit $k = 1$ als Längeneinheit wird die Integration durchgeführt. In Zahlen ergibt sich daraus $\psi = 0,99$. Bei den einzelnen graphischen Integrationen wurden die Ordinaten der ψ- (Integral-) Kurven doppelt so groß wie die Ordinaten der verschiedenen Integrandenkurven gewählt (s. Abb. 50—56, S. 100—101). Die Ordinate ψ, jetzt als Einheit $\psi = 1$ betrachtet, wurde jeweils in 4 (n) gleiche Teile geteilt. Damit werden die $(1/n)$-Punkte auf der Integralkurve ermittelt. Die Abszissenpunkte der $\frac{\psi}{4}\left(\frac{\psi}{n}\right)$-Punkte wurden auf die Integrationswege übertragen und gleichwertige Punkte miteinander als Stromlinien verbunden.

Als Integrationsweg für die Ermittlung von φ wählt man jetzt die Stromlinien selbst. Selbstverständlich könnte man die Verteilung von φ auf beliebig festgelegten Integrationswegen s bestimmen, ähnlich wie die Verteilung von ψ ermittelt wurde. Vor allem ist dies zur Überprüfung des Feldes zu empfehlen. Wenn das Isotachen-Isoklinen-Netz genau stimmt, muß auf den Stromlinien $\cos(v_s - v) = \cos 0 = 1$ sein, da ja Integrationswegrichtung und Richtung der Stromlinie in jedem Punkt zusammenfallen, gleich groß sind und ihr Unterschied 0 wird. Damit erhält man zugleich die später erforderliche Kenntnis der Verteilung von φ längs ψ.

Mit genau der gleichen Längeneinheit $k = 1$ wird φ als Zahl ermittelt. φ wird auf den Stromlinien gegen den Quellpunkt zu ∞. Als Ausgangswert dient $\varphi = 0$. φ wird im gleichen oder anderen Ordinatenmaßstab wie ψ aufgetragen. Man sucht die Ordinate φ heraus, die zahlenmäßig $\psi = 0{,}99$ ist. (Bei den einzelnen graphischen Integrationen wurde für die Ordinaten der φ- [Integral-] Kurven der 0,2fache Maßstab wie für die verschiedenen Integrandenkurven verwendet [s. Abb. 57—61, S. 101—103].) Diesem Ordinatenwert weist man den Wert: zahlenmäßig $= \psi$ zu. Damit hat man auch die Einheit für φ. Die Ordinate wird, von 0 beginnend, in gleiche Teile $\frac{\psi}{4}\left(\frac{\psi}{n}\right)$ eingeteilt, die Teilpunkte auf die Integralkurve und auf die Abszisse übertragen. Damit gewinnt man die Ortspunkte auf ψ, durch die die φ-Kurven durchgehen. Punkte mit gleichem φ-Wert ergeben in ihren Verbindungslinien die Potentiallinien.

Das Strom- und Potentialliniennetz des Hodographen ist aus Abb. 62, S. 103 zu ersehen.

f) Integration der Stromlinien und der Potentiallinien des Hodographen, kurz: Hodographenintegration.

Stromlinien. Auf der Abszisse wird φ mit einer zweckmäßig gewählten Einheit 1 aufgetragen. Aus den Integralkurven φ, die längs ψ aufgestellt sind (s. Abb. 57—61, S. 101—103), kann man beliebige φ-Punkte (Ordinaten) längs ψ (d. h. in den graphischen Integrationen längs der Abszisse s) herausnehmen und sie auf die Abszisse φ (in der vorliegenden Integration Abb. 63—67, S. 104—105) mit ihren Werten (zahlenmäßig $= \psi/4$; $\psi/2$ usw.) übertragen. Andererseits kann man diese beliebigen φ-Punkte als Ortspunkte auf ψ im Hodographen aufsuchen und $\cos\alpha/w$, $\sin\alpha/w$ bilden. (Im Hodographen sind dann diese φ-Punkte nicht mehr mit „zahlenmäßig $= \psi/4$, $\psi/2$ usw." bezeichnet, sondern wegen des gleichen Wertverhältnisses unmittelbar mit $\varphi/4$; $\varphi/2$ usw. Zweckmäßigerweise wählt man als „beliebige φ-Punkte" solche, die der Netzeinteilung des Hodographen entsprechen oder leicht herstellbare Unterteilungen davon.) Diese Zahlenwerte sind die Ordinaten zu den entsprechenden φ-Punkten. Die Integralkurve wird im vorliegenden Beispiel eine Gerade, da $\sin\alpha/w = 1$ ist längs ψ (Kreise im

Hodograph). Bei der Abszisse $\varphi = 1$ muß $y = 1/n$ sein, da

$$y = \int \frac{\sin \alpha}{w}\, d\varphi = \frac{1}{n} \cdot 1 \, .$$

$\dfrac{\cos \alpha}{w}$ wird hier zur Ursprungsgeraden; bei $\varphi = 1$ wird $\dfrac{\cos \alpha}{w} = \dfrac{0{,}707}{0{,}707} = 1$.

Die Integralkurve x wird hier zur Parabel, da $x = \int \dfrac{\cos \alpha}{w}\, d\varphi =$ Dreiecksinhalt ist.

Mit den angegebenen je übereinandergelagerten Ordinatenzahlenwerten für die Integralkurven x und y (Maßstab für $q/k = 1$ cm: y bei $\varphi = 1$ ist 1 cm; bei anderem q/k ändern sich die Koordinaten des Grundwasserströmungsfeldes im Verhältnis dieses anderen q/k) kann man die Stromlinien in cm maßstäblich auftragen. Das gezeichnete Ergebnis wurde maßstäblich für das Verhältnis $q/k = 1$ cm aufgetragen.

Potentiallinien. Will man genaue Kontrollen haben, dann wird für die φ-Linien das entsprechende Verfahren durchgeführt.

Man kann aber auch die Integralkurven x und y für die Stromlinienkoordinaten in den Abszissenpunkten betrachten, wo $\varphi = \tfrac{1}{4}$; $\tfrac{1}{2}$; $\tfrac{3}{4}$ usw. in der Einheit ist. Im Grundwasserströmungsfeld gehen durch diese Punkte (x, y) der Stromlinien ja auch die gewünschten Potentiallinien $\varphi = \tfrac{1}{4}$, $\varphi = \tfrac{1}{2}$ usw. durch.

Im Grundwasserströmungsfeld ist ψ nicht mehr eine reine Zahl, sondern es stellt den Wasserstrom $\psi = q \left[\left(\dfrac{\mathrm{m}^2}{\sec} \text{ oder } \dfrac{\mathrm{cm}^2}{\sec} \right) \text{ mal der Tiefe der entsprechenden} \right.$ Einheit senkrecht zur Strömungsebene$\left.\vphantom{\dfrac{\mathrm{m}^2}{\sec}}\right]$, also $\dfrac{\mathrm{m}^3}{\sec}$ oder $\dfrac{\mathrm{cm}^3}{\sec}$ dar.

φ ist ebenfalls keine reine Zahl mehr, sondern der abstrakte Begriff des Potentials wird ausgedrückt durch $\varphi = -kh$, da $-d\varphi/dh =$ der Durchlässigkeit k ist (s. I. Teil). Hierbei bedeutet h die Standrohrspiegelhöhe, d. h. die Höhe der Wassersäule in einem in den Grundwasserträger eingeführten Glasrohr für den Punkt der Strömungsebene, der mit dem unteren Ende des Standrohrs zusammenfällt. Bezogen werden die allgemeinen Standrohrspiegelhöhen auf eine horizontale Grundlinie, praktisch auf die Standrohrspiegelhöhe der Punkte auf $\varphi = 0$. Im Grundwasserströmungsfeld hat nun $-\varphi$ an einem beliebigen Punkte des Feldes den Wert der k-fachen Standrohrspiegelhöhe des Punktes. An einem Punkte A der freien Oberfläche ist der Standrohrspiegel gleich der freien Oberfläche. Dort ist $-\varphi_A = k \times$ (Differenz: Standrohrspiegel$_A$ — Standrohrspiegel$_{\varphi=0}$). Dieser Wert φ gilt für die durch A gehende Potentiallinie. Ist die Potentiallinie $\varphi = 0$ nicht waagrecht oder geknickt usw., dann gilt als Bezugspunkt der geodätisch am höchsten liegende Punkt H von $\varphi = 0$. Also $-\varphi_A = k(y_A - y_H)$, wobei y die Ordinaten des Strömungsfeldes sind.

Auf der freien Oberfläche sind die Ordinatenunterschiede von Potentiallinien mit gleichbleibendem Potentialunterschied gleichbleibend.

Zusammenhang des Netzes.

Für die einzelnen Stromlinien ergab sich x und y im Ausgangspunkt zu 0 und 0. Um den Zusammenhang zu erhalten, wird $\varphi = 0$ aus dem Hodographen in die z-Ebene durch Integration transformiert. Im Hodographen kennt man ortsmäßig die Punkte auf $\varphi = 0$, wo $\psi = 0$, $\psi = \tfrac{1}{4}$, $\psi = \tfrac{1}{2}$, $\psi = \tfrac{3}{4}$, $\psi = 1$

durchgehen. Zweckmäßig hat man überhaupt die Verteilung von ψ auf $\varphi = 0$ festgestellt. Man wählt auf einer Abszisse (s. Abb. 68, S. 105) $\psi = 1$. Dann stellt man für die einzelnen ψ-Punkte auf $\varphi = 0$ die Größe des Polstrahles w fest, mit $k = 1$ als Einheit. Man bildet $1/w$ und trägt diese Zahlen über den zugehörigen ψ-Punkten der Abszisse auf. Die Linie $1/w$ ist hier die 1. Meridiane. Die Integral-kurve $S_\varphi = \int \dfrac{d\varphi}{w}$ wird zur Parabel mit der Endordinate

$$S_\varphi = \frac{1 \cdot 1}{2} = \text{Dreiecksinhalt.}$$

$$S_\varphi = 0{,}5\,\frac{q}{k} \quad \text{allgemein.}$$

Für die einzelnen Stromlinien findet man die Abstände in der z-Ebene, indem man die Teilpunkte auf der Abszisse $\psi/4$, $\psi/2$ usw. auf die Integralkurve und auf die Endordinate überträgt. Diese Teilordinaten, ins Verhältnis gesetzt zur Ge-samtordinate $0{,}5\,q/k$, ergeben dann die Abstände der einzelnen Stromlinien auf dem Schlitz in der Sohle $\varphi = 0$, gemessen von $\psi = 1{,}0\,q$ aus.

2. Grundwasserstrom über waagrechter Sohle in einen Graben mit lotrechten Böschungen und der Wassertiefe $t = 0$.
Böschung = reine Sickerstrecke. S. Abb. 69—74, S. 105—107.

Vorbemerkung. DUPUIT hatte für die freie Oberfläche eines Grundwasser-stromes in einen Graben mit lotrechten Böschungen eine Gleichung aufgestellt, die identisch ist mit der Gleichung

$$y^2 = 2\,\frac{q}{k}\,x + \left(\frac{q}{k}\right)^2$$

des 1. Beispiels. Er ging dabei von der gleichbleibenden Geschwindigkeit der Strömung in einer Lotrechten aus. Die Randbedingung der Grabenwand war dabei leicht zu berücksichtigen.

Wie nun tatsächlich die Geschwindigkeitsverteilung ist, zeigen die Isotachen der Abb. 73, S. 106. Andere Forscher stellten auf anderen Wegen, wie im 1. Bei-spiel gezeigt, das Bild der Strömung mit Schlitz in der Sohle auf. Sie setzten dann auf die Stelle der Ordinate $x = 0$ die Grabenwand und ließen rechts der Ordinate den Strömungsbereich, der ein ganzes $\varphi = 1$ als Potentialverlust be-inhaltet, wegfallen[1]. Aber den Randbedingungen wird die Aufgabe nicht gerecht.

Die Randbedingung einer Sickerstrecke wurde früher schon abgeleitet. Durch folgende Überlegung kann man sich die Notwendigkeit einer Sickerstrecke noch-mals klarmachen. Das Grundwasser strömt einem Graben zu, aus dem es sofort wegfließen oder verdunsten kann; also mit der Wassertiefe $t = 0$. Der Grund-wasserstrom könnte in der untersten Grabenecke einströmen, und zwar in einem Punkt. Bei einer endlichen Wassermenge muß dann $v = \infty$ sein. Das kann für die gesamte Wassermenge theoretisch und praktisch nicht der Fall sein. Also muß ein endlicher Eintrittsquerschnitt da sein, und der ist die Sickerstrecke.

---

[1] KOZENY, J.: Theorie und Berechnung der Brunnen. Wasserkr. u. Wasserwirtsch. Jg. 28 (1933) H. 8 S. 88ff.

a) Aufstellung des Hodographenrandes.
(Siehe hierzu Abb. 70 und 71, S. 105—106.)

Die freie Oberfläche wird zum Halbkreis. Da sie in die Sickerstrecke tangential
und damit lotrecht einmündet, ist der letzte Geschwindigkeitsvektor lotrecht,
der Halbkreis vollständig. Die unendlich ferne Potentiallinie der z-Ebene wird
zum Pol der w-Ebene, da $v = 0$ ist. Die Randstromlinie entlang der undurchlässigen Sohle wird zum waagrechten Polstrahl. Das Bild der Sickerstrecke in
der w-Ebene geht durch den untersten Punkt des Halbkreises und steht senkrecht
auf derjenigen der z-Ebene. Der w-Bereich schließt sich im antikonformen Sinne
zum z-Bereich. Wo Sickerstrecke und waagrechte Stromlinie zusammentreffen,
wird v (theoretisch) unendlich.

b) Isotachen-Isoklinen-Netz. (S. Abb. 69, S. 105.)

Die Isoklinen liegen durch Tangentenziehen auf dem Halbkreis eindeutig
fest. Die waagrechte Stromlinie ist $v = 0°$. Auf die Sickerstrecke zieht man
vom gespiegelten Pol die Strahlen und errichtet in den Schnittpunkten der
Strahlen mit der Sickerstrecke die Senkrechten zu den Strahlen. Die Winkel
zwischen diesen Senkrechten und der Sickerstrecke geben die Isoklinenwerte
an. Einfacher trägt man auf der Sickerstrecke vom Halbkreis aus die tg-Werte
der Winkel zwischen 0 und 90° in der Einheit k ab. Die Endpunkte der tg-Werte
sind die Punkte der zugehörigen Winkel. (Letzteres gilt nur bei lotrechter Sickerstrecke in der z-Ebene.)

Zwischen die Randstromlinien probiert man den Strömungsverlauf ein und
ermittelt die Isoklinenwerte. Senkrecht zu den ermittelten Isoklinen kommen
die Isotachen zu liegen.

Im Feld liegt ein Verzweigungspunkt. Die hier durchgehenden Isotachen
werden willkürlich $v_1 = 1$ genannt.

Die Isoklinen quellen aus dem Halbkreis heraus und strömen zum Teil ins
Unendliche, anderenteils in den unteren Halbkreispunkt als Senke. Dort macht
die freie Oberfläche von $-180°$ auf $+0°$ einen Sprung, damit sie mit dem
Winkel $0°$ in die Sickerstrecke einströmt. Alle Isoklinen zwischen 0 und $-180°$
strömen in diese Senke ein.

Das gleiche gilt für die Sickerstrecke. Der Verzweigungspunkt teilt den Isoklinenstrom. In der Gegend des Verzweigungspunktes ist das Bild das einer
deformierten vierblättrigen Hyperbel. Im oberen Blatt geht $v \to \infty$ im oberen
Halbkreispunkt, symmetrisch dazu wäre bei Fortsetzung des Bereichs das gleiche
der Fall. In den beiden anderen Blättern gegen die Senke und das Unendliche zu
nimmt $v \to 0$ ab.

c) Ermittlung der Hodographenströmung.

Auf zweckmäßig gelegten Integrationswegen wird ψ ermittelt. Erforderlich
ist, längs der Sickerstrecke als Integrationsweg die Verteilung von ψ zu bestimmen. Damit kann man auf der Sickerstrecke die Ortspunkte $\psi/4$, $\psi/2$, $\frac{3}{4}\psi$
einzeichnen. Die Schnittwinkel kennt man ja bereits mittels der tg-Werte.

Ebenso bestimmt man längs der Sickerstrecke und sämtlicher Stromlinien
die Verteilung von φ. Als Ausgangspunkt nennt man das φ beim Schnitt Halb-

kreis-Sickerstrecke Null und bezieht die anderen mit $+$ oder $-$ darauf. Zum Quellpunkt zu nimmt φ zu, von ihm weg ab. Im Verzweigungspunkt wenden die Strom- und Potentiallinien von der Konkaven zur Konvexen.

d) Hodographenintegration.

Sie kann ohne besondere Schwierigkeiten durchgeführt werden. Den Zusammenhang in der z-Ebene ergibt eine Hodographenintegration längs der Sickerstrecke

$$S_{si} = \int \frac{d\varphi}{w \cos \alpha}.$$

Die Schnittwinkel der Strom- und Potentiallinien mit der Sickerstrecke in der z-Ebene werden ohne weiteres aus dem Hodographen übernommen.

Die Länge der Sickerstrecke ergibt sich zu dem festen Wert $0{,}744\,q/k$.

Nachbemerkung. Eine mathematische Ableitung der Abbildungsfunktion für Beispiel 2 wurde von G. Hamel[1] allgemein gegeben. Zur Transformation müssen elliptische Modulfunktionen herangezogen werden. Die Anleitung für eine numerische Durchrechnung für ein Beispiel hierzu gibt E. Günther[2]. Die den Ingenieur letzten Endes interessierenden Ergebnisse sind darin nicht genügend herausgestellt.

In der Abhandlung spricht Hamel von Bereitstellung besonderer Mittel der Hochschulvereinigung zur Möglichkeit der Durchrechnung und in der numerischen Durchrechnung von der „mühsamen Arbeit", die nötigen numerischen Rechnungen auszuführen. Und das nur für 1 Beispiel.

Es ist deshalb erforderlich, für Näherungsergebnisse den Wert der einfachen Dupuitschen Formel zu kritisieren. Für das gleiche q/k wurden beide freie Oberflächen auf Abb. 74, S. 107 eingezeichnet.

Die Dupuitsche Formel ergibt den Austritt der freien Oberfläche an der Grabenwand zu $1 \cdot q/k$, da $y = \sqrt{\frac{q}{k}\left(2x + \frac{q}{k}\right)}$ für $x = 0$ zu q/k wird.

Die vorstehend ermittelte Austrittshöhe ist $0{,}744\,q/k$. In ziemlich kurzer Entfernung von der Grabenwand fallen beide Oberflächen dauernd aufeinander, was aus dem Isotachen-Isoklinen-Netz bzw. dem Strom- und Potentialliniennetz der beiden Hodographen zu ersehen ist. Bei $q/k = 1$ cm ist die Neigung der freien Oberflächen in einer Entfernung von 20 cm vom Grabenrand $3°$. Kommt nun der Strom nicht vom Unendlichen, sondern in *sehr großer Entfernung* aus einer lotrechten Potentiallinie (lotrechte Grabenwand des Speisungsgrabens), also mit waagrechter Stromlinie heraustretend, dann kann man mit einiger Näherung die Dupuitsche Parabel verwenden, da die Neigungen fast gleich sind und die Geschwindigkeit ziemlich ähnlich verteilt ist.

In der Praxis gibt es nun zwei Fälle:

1. k ist bekannt, q ist bekannt. Gesucht der Verlauf der freien Oberfläche. Die Antwort darauf gibt das Verfahren der Aufgabe 2.

2. k ist bekannt. Verschiedene Punkte der freien Oberfläche sind bekannt. Gesucht q.

---

[1] Z. angew. Math. Mech. Bd. 14 (1934) H. 3.
[2] Z. angew. Math. Mech. Bd. 15 (1935) H. 5.

Man zeichnet für $q/k = 1$ das Bild nach Aufgabe 1 und 2. Sind die Punkte in weiteren Entfernungen vom Grabenrand bekannt, so sucht man mit ihnen die DUPUITsche Gleichung zu erfüllen und erhält daraus q/k und q.

Sind die Oberflächenpunkte in nächster Entfernung vom Grabenrand bekannt, so sucht man die Oberfläche nach Aufgabe 2 mit $q/k = 1$ cm oder 1 m so zu vergrößern oder zu verkleinern, daß sie mit den Punkten zur Deckung kommen. Aus dem Änderungsmaßstab ergibt sich q/k und q.

Letzten Endes könnte auch k ermittelt werden, wenn q und der Verlauf der freien Oberfläche bekannt wäre.

Zwischen den einzelnen Strömungsbildern ist der Unterschied im Verlauf der Stromlinien nicht so auffallend wie bei den Geschwindigkeitsverhältnissen. Es werden daher für alle Beispiele im Hodographen das transformierte Isoklinen-Isotachen-System der Grundwasserströmungsebene eingetragen. Es besteht in dieser Transformation aus Ursprungsstrahlen und konzentrischen Kreisen. Unter Benutzung der Strom- und Potentiallinienintegration wird das Geschwindigkeits-netz ebenfalls übertragen und unter Beachtung der Randbedingungen über-prüft.

3. Grundwasserstrom über waagrechter Sohle in einen Graben mit lotrechten Böschungen und einer gewissen Wassertiefe.

Vorbemerkung. (Gegenüber 2 ist somit ein Teil der Böschung Sicker-strecke bzw. Potentiallinie.) In Beispiel 2 war angenommen worden, daß der Graben so breit ist, daß er das zudringende Grundwasser so rasch abführen kann, daß die Wassertiefe praktisch $= 0$ ist. Im Fall einer großen Baugrube als Graben könnte dies auch zutreffen. Nun ist diese rasche Wasserabführung aber häufig nicht möglich, und so stellt sich im Graben eine bestimmte Wassertiefe ein. Ein Teil der benetzten Grabenwand bildet eine Potentiallinie. Man könnte nun annehmen, daß in diese Potentiallinie der gesamte Strom einfließen würde, was jedoch nicht der Fall ist. Selbst wenn der Wasserstand relativ sehr hoch ist, verbleibt über ihm bis zur freien Oberfläche eine auch noch so kleine Sicker-strecke übrig. Bei gegebenem q/k ist für einen aus dem Unendlichen kommenden Strom bei einer gegebenen (aus hydraul. oder sonstigen Gründen) Wassertiefe t im Graben die Länge der Sickerstrecke eindeutig bestimmt. Oder bei einem aus dem Unendlichen kommenden Grundwasserstrom über waagrechter Sohle bildet die Wassertiefe im Graben den eindeutigen Parameter für die Länge der Sicker-strecke und die Lage und Form der freien Oberfläche.

a) Aufstellung des Hodographenrandes.
Siehe hierzu Abb. 75—81, S. 107—109.

Die Aufgabe wird nun nicht so gelöst, daß man die Wassertiefe im Graben in cm oder m festlegt, um die unbekannte Sickerstrecke usw. zu finden; nicht einmal so, daß vielleicht Potentiallinienlänge und Sickerstreckenlänge zueinander ins Verhältnis gesetzt werden könnten, um die freie Oberfläche zu finden. Der Parameter kann nur im Hodographen als Länge der dortigen waagrechten Strom-linie $\psi = 1$ angenommen werden. Es ist dann abzuwarten, was als Ergebnis herauskommt. Um alle Möglichkeiten zu berücksichtigen, müßte der Parameter im Hodographen abschnittsweise geändert werden, die Aufgabe dafür jedesmal durchgeführt werden und die Ergebnisse graphisch verbunden werden, um Zwischeneinschaltungen zu ermöglichen.

Die freie Oberfläche wird im Hodographen zum ganzen Halbkreis, die Sickerstrecke setzt sich als Waagrechte daran im unteren Halbkreispunkt. In der z-Ebene folgt an die Sickerstrecke in gleicher Richtung die Potentiallinie mit dem niedersten Potential $\varphi = 0$. Diese Linie wird in der w-Ebene senkrecht zur z-Linie und durch den Pol gehend aufgetragen. Die Geschwindigkeit an dem untersten Punkt der Sickerstrecke ist ∞, also muß das Bild des obersten Potentiallinienpunktes der z-Ebene in der w-Ebene im ∞ beginnen. Die Potentiallinie $\varphi = 0$ zieht sich dann vom ∞ zum Pol waagrecht hin. Die Punkte auf ihr sind die Endpunkte der Geschwindigkeitsvektoren der senkrecht zu ihr auftreffenden Stromlinien der z-Ebene. Nun müssen wir noch die waagrechte Randstromlinie $\psi = 1$ im Hodographen unterbringen. Sie wird durch den waagrechten Polstrahl dargestellt. Jetzt fallen $\psi = 1$ und $\varphi = 0$ zusammen. Das kann nicht der Fall sein. Deshalb muß es einen Grenzpunkt zwischen beiden geben. $\psi = 1$ geht vom Pol bis zum Grenzpunkt, wo $\varphi = 0$ beginnt. Die Länge der Linie $\psi = 1$ ist der erwähnte Parameter, der das z-Bild eindeutig bestimmt. Die Länge $\psi = 1$ gibt die Geschwindigkeit der waagrechten z-Stromlinie beim Eintritt in das Grabenpotential und die kleinste Geschwindigkeit auf der Linie $\varphi = 0$ in der z-Ebene an. Für den vorliegenden Fall wurde sie zu $1\,k$ gewählt.

Grenzpunkt und unendlich ferner Punkt sind singuläre Randpunkte, bei denen die winkeltreue Abbildung nicht gegeben ist. Der w-Bereich schließt sich im antikonformen Sinn zum z-Bereich.

b) Isotachen-Isoklinen-Netz. (S. Abb. 75, S. 107.)

Auf dem Halbkreis $\psi = 0$ und der Sickerstrecke liegen die Isoklinenpunkte, wie bekannt, fest. $\psi = 1$ ist Isokline $0°$, $\varphi = 0$ ist Isokline $+90°$, da die Stromlinien senkrecht nach oben auf $\varphi = 0$ auftreffen. Die Feldströmung muß nun gefühlsmäßig eingezeichnet werden. Teilweise trifft sie auf $\varphi = 0$ auf, teilweise auf der Sickerstrecke. Das Isoklinen-Isotachen-Bild wird ähnlich wie bei Beispiel 2. Doch geht vom Grenzpunkt auf dem waagrechten Polstrahl ein neuer Einfluß aus. Die Isoklinen müssen dort von 0 auf $90°$ springen. Alle zwischenliegenden quellen aus dem Punkt heraus. In der Gegend des Punktes gleicht das Bild einer Quelle, die durch den Parallelstrom verdrängt wird. Isokline $0°$ bildet die Diskontinuitätslinie mit einem Staupunkt.

Im oberen Halbkreispunkt und im eben genannten Quellpunkt ist $v = \infty$. Im unteren Halbkreispunkt und im unendlich fernen Punkt ist $v = 0$. Der Verzweigungspunkt im Feld teilt den Isoklinenstrom.

c) Ermittlung der Hodographenströmung.

Neben den normalen Integrationen zwischen den beiden Randstromlinien untersucht man die Verteilung von ψ auf $\varphi = 0$ und der Sickerstrecke. Die Summe beider muß ja das gesamte ψ ergeben.

d) Hodographenintegration.

Sie ist nach Beispiel 2 durchzuführen. Die Potentiale werden auf das Grabenpotential $\varphi = 0$ bezogen. Erforderlich ist die Bestimmung der Länge der Sickerstrecke und der Randpotentiallinie $\varphi = 0$, mit den Integralen

$$S_{si} = \int\limits_{\psi=0}^{\psi=\psi_{si}} \frac{d\psi}{w \cos \alpha} \quad \text{und} \quad S_{\varphi_0} = \int\limits_{\psi=\psi_{si}}^{\psi=1} \frac{d\psi}{w} \, .$$

Wenn die Eintrittsgeschwindigkeit von $\psi = 1{,}0q$ in den Graben $= k$ ist, ist eindeutig die Wassertiefe im Graben $t = S_{\varphi_0} = 0{,}411 \, q/k$ und die Länge der Sickerstrecke $S_{si} = 0{,}469 \, q/k$.

Nachbemerkung. Die Dupuitsche Formel wurde bisher immer so angewendet, daß eine Sickerstrecke nicht berücksichtigt wurde. Die freie Oberfläche ging unmittelbar in den Grabenwasserstand über, der bis zum Schnittpunkt von Oberfläche mit Grabenwand heraufreichte. Daß dies nach der Theorie unmöglich ist, ist nachgewiesen. Richtig angestellte Versuche ergeben ebenfalls klar die Sickerstrecke (Schaffernak, Schoklitsch, Kozeny, Ehrenberger, Casagrande). Dem aufmerksamen Betrachter einer Grabenböschung im Grundwasserkessel entgeht der stark feuchte Streifen, die Sickerstrecke, gegenüber der Kapillarzone nicht.

Für das vorliegende Verhältnis von Wassertiefe und Sickerstrecke wurde die Dupuitsche Strömung zum Vergleich herangezogen (s. Abb. 80, S. 109).

Das Ergebnis ist: Wenn Wasserstand und Sickerstrecke fast gleich lang sind, kann die Strömung mit größter Annäherung mit der Dupuitschen Formel untersucht werden. Maßgeblich ist die Eintrittshöhe der freien Oberfläche in den Graben.

Die Frage der näherungsweisen Gültigkeit der Dupuitschen Parabel kann erschöpfend beantwortet werden, wenn für die verschiedenen Größen des Parameters v_{Sohle} im Hodographen die Größen und Verhältnisse von Wassertiefe zu Sickerstrecke in der z-Ebene errechnet werden.

Auf Grund einer allgemeinen Betrachtung der Verhältnisse bei Veränderung des Parameters v_{Sohle} zwischen 0 und ∞ und unter Verwendung der beiden durchgerechneten Fälle mit $v = 1\,k$ und $v = \infty$ werden die davon abhängigen Werte: Sickerstreckenlänge S_{si} und Länge der Endpotentiallinie S_{φ_0} schätzungsweise in Abb. 81, S. 109 aufgetragen. Hiernach gilt die Dupuitsche Näherung bis zum Verhältnis

$$\frac{S_{\varphi_0}}{S_{si}} = (2 \div 3) \, .$$

4. Grundwasserstrom durch einen Damm mit lotrechten Böschungen. Wassertiefe im Abzugsgraben $t = 0$. Vordere Böschung = reine Sickerstrecke.

Siehe Abb. 82—87, S. 109—111.

Vorbemerkung. Die Dupuitsche Parabel gilt nur für die Strömung aus dem Unendlichen zu einem Schlitz in der Sohle. Für die Strömung aus dem Unendlichen zu einem Graben mit lotrechten Böschungen kann in einer gewissen Grenze die Dupuitsche Parabel näherungsweise verwendet werden, was für annähernd zutreffende Verhältnisse durch praktische Versuche bestätigt wurde.

Wenn aber die Strömung praktisch nicht mehr als aus dem Unendlichen kommend betrachtet werden kann, wenn also das Entnahmebecken sehr nahe an den Abzugsgraben heranrückt, dann ändern sich die Verhältnisse. Der durchströmte Bereich wird zum Damm.

a) Aufstellung des Hodographenrandes.

Für den vorliegenden Fall, daß im Abzugsgraben kein Wasser steht, ist die Aufgabe bestimmt durch einen einzigen Parameter. Es ist die Größe der Sohlengeschwindigkeit am Wassereintritt in den Damm.

Durch diese Größe wird die geometrische Form des Grundwasserströmungsbildes eindeutig festgelegt. Wie bei den früheren Beispielen kann die geometrische Form im voraus nicht festgelegt werden. Man kann nur für verschiedene Werte des Parameters die Aufgabe durchrechnen, die Ergebnisse zusammenstellen und durch Zwischeneinschaltung entsprechend verwerten.

Es sind lotrechte Dammböschungen gegeben. Deshalb wird die freie Oberfläche im Hodographen zum ganzen Halbkreis. Die Sickerstrecke setzt sich als Waagrechte im unteren Halbkreispunkt daran. In der z-Ebene folgt an die Sickerstrecke die waagrechte Stromlinie. Sie wird durch den parallelen Polstrahl im Hodographen dargestellt. Ihr Schnittpunkt mit der Sickerstrecke liegt im Unendlichen. An die waagrechte Sohle schließt sich in der z-Ebene die lotrechte Endpotentiallinie, die eine praktisch in Ruhe befindliche Wassermasse abschließt. Diese Potentiallinie wird im Hodographen durch den dazu lotrechten Polstrahl dargestellt. Hier würden nun Potentiallinie und Stromlinie aufeinanderfallen, was nicht möglich ist. Um die Voraussetzung der konformen Abbildung zu erfüllen, muß ein Trennungspunkt zwischen beiden Linien vorhanden sein. Vom Unendlichen bis zu diesem singulären Punkt geht die Stromlinie, von hier bis zum Pol die Potentiallinie. Die letztere Strecke stellt den Parameter dar. Für den vorliegenden Fall wurde sie zu $1\,k$ gewählt.

Der w-Bereich schließt sich im antikonformen Sinne zum z-Bereich.

b) Isotachen-Isoklinen-Netz. (S. Abb. 82, S. 109.)

Auf dem Halbkreis und auf der Sickerstrecke liegen die Isoklinenpunkte, wie bekannt, fest. Die Stromlinien quellen nicht wie bei Aufgabe 2 aus dem Pol (z-Ebene aus dem Unendlichen mit $v = 0$) hervor, sondern aus der Anfangspotentiallinie mit der dem Parameter der Aufgabe entsprechenden Größtgeschwindigkeit. Bei Aufgabe 2 war $v_0 \infty =$ endlicher Wassermenge, hier muß für einen endlichen Eintrittsquerschnitt die Geschwindigkeit einen endlichen Wert haben. Im Hodographen ist diese Anfangspotentiallinie gleich der Isokline ($-90°$). Die anschließende Stromlinie ist Isokline ($0°$). Der singuläre Punkt ist Quellpunkt der Isoklinen zwischen ($-90°$) und ($0°$). Der Pol ist ebenfalls Quellpunkt für die Isoklinen zwischen ($-90°$) und ($0°$). Der untere Halbkreispunkt ist wie üblich Quellpunkt für die Isoklinen zwischen ($-180°$) und $0°$. Im Feld treten zwei Verzweigungspunkte auf. Hält man fest, daß im Unendlichen $v = 0$ ist, dann sind die übrigen Isotachenwerte auf Grund der früheren Angaben fast mechanisch abzuleiten. Das ganze Bild gleicht einer durch verschiedene Diskontinuitätslinien zerlegten komplizierten Quell-Senken-Strömung.

c) Ermittlung der Hodographenströmung.

Neben den normalen Integrationen zwischen den beiden Randstromlinien und auf der Sickerstrecke untersucht man die Verteilung von ψ auf der Anfangspotentiallinie. Der Wert ψ auf $\varphi = 0$ stellt auch den Gesamtstrom dar.

d) Hodographenintegration.

Sie bietet grundsätzlich nichts Neues. Als Schlußkontrolle gilt:

$$S_{si} + Y_{\text{Freie Oberfläche}} = S_{\text{Anfangspotentiallinie}} .$$

Die Dammbreite wird durch $X_{\text{Freie Oberfläche}}$ gegeben. Man kann dazu noch die Länge der waagrechten Stromlinie durch Integration aus dem Hodographen ermitteln.

Mit dem angenommenen Parameter $= 1\,k$ wird

$$S_{si} = 0{,}74\,\frac{q}{k}\,; \quad S_{\varphi_0} = 1{,}49\,;\frac{q}{k}\,; \quad Y_{\text{ob. Fläche}} = 0{,}75\,\frac{q}{k}\,; \quad X_{\text{ob. Fläche}} = 1{,}08\,\frac{q}{k}\,.$$

Nachbemerkung. Erst in neuester Zeit[1] wird im Schrifttum der Versuch gemacht, die freie Oberfläche nach Beispiel 4 mit Hilfe der Dupuitschen Parabel zu untersuchen. Durch die Auswertung von Versuchen entsprechender Grundwasserströmungen wurde festgestellt, daß Anfangs- und Endpunkt der freien Oberfläche auf der Parabel

$$y_0 = -L + \sqrt{L^2 + h^2}$$

liegen. Für die Berechnung der Ergiebigkeit soll diese Gleichung sehr brauchbar sein. Die Parabel selbst soll der Form der freien Oberfläche nicht entsprechen. In der Gleichung stellt y_0 die Austrittshöhe der freien Oberfläche an der lotrechten Grabenböschung, h die Eintrittshöhe und L die Breite des Dammes dar.

Betrachten wir aus Beispiel 1 die Dupuitsche Parabel:

$$y^2 = \frac{q}{k}\left(2x + \frac{q}{k}\right)$$

für

$$x = 0 \quad \text{wird} \quad y = \frac{q}{k}\,,$$

also

$$y^2 = y_0(2x + y_0)\,,$$

nach y_0 aufgelöst:

$$y_0^2 + 2xy_0 - y^2 = 0$$

$$y_0 = -x + \sqrt{x^2 + y^2}\,,$$

setzen wir $x = L$ und $y = h$, dann ergibt sich

$$y_0 = \frac{q}{k} = -L + \sqrt{L^2 + h^2}\,.$$

Also die erwähnte Gleichung ist die Dupuitsche Parabel.

Merkwürdigerweise paßt die Gleichung fast annähernd für die Längenverhältnisse der vorliegenden Aufgabe (s. Abb. 87, S. 111). Wenn man nun aber die Ergiebigkeit mit der Formel nachprüfen will, wird das Ergebnis falsch. Das Beispiel 4 ergibt eine Austrittshöhe der freien Oberfläche von $0{,}74\,q/k$. Es ist

---

[1] Neue Untersuchungen zur Berechnung von Grundwasserströmungen. Veröffentlicht von Prof. Dr. Zunker, Breslau, für Dipl.-Ing. Konrad Chwalla †, Oppeln. Bautechn. 1938 H. 8 u. 12.

$q = 1$ und $k = 1$ im Beispiel. Dann muß $y_0 = 1/1$ werden, es ist aber 0,74 oder umgekehrt müßte

$$q = y_0 k = 0{,}74 \cdot 1 \text{ sein, es ist aber } 1{,}0,$$

was wieder nicht stimmt.

Eine näherungsweise Verwendung der Dupuitschen Parabel ist also bei Dammdurchströmung nicht statthaft.

5. Grundwasserstrom durch einen Damm mit lotrechten Böschungen. Wasserstand im Abzugsgraben. Vordere Böschung: Sickerstrecke und Potentiallinie. S. Abb. 88, 89, 114, S. 111, 112, 125.

Vorbemerkung. Die mathematische Behandlung von Grundwasserströmungen mit Sickerstrecke ist im allgemeinen schon sehr schwierig, wenn die Strömung aus dem Unendlichen kommt. Die Transformation des Hodographen auf die obere Halbebene muß bei den bisher durchgeführten Beispielen mit elliptischen Modulfunktionen

$$q = e^{i\pi\tau}$$

erfolgen.

Hat das Anfangs- und Endpotential einen endlichen Wert (Damm), dann muß die obere Halbebene auf ein im Endlichen geschlossenes Rechteck der Strom- und Potentialfunktionsebene mit Hilfe des Schwarz-Christoffelschen Integrals übertragen werden. Dies führt auf ein elliptisches Integral erster Gattung (doppeltperiodische elliptische Funktionen).

Die numerische Durchrechnung wird durch das Fehlen von tabulierten Werten erschwert, und man muß häufig doch noch graphisch integrieren. Der Genauigkeitsgrad in der dritten Dezimalstelle wiegt die aufgewandte Mühe nicht auf.

Aufstellung des Hodographenrandes. Die Aufgabe verwertet die Erkenntnis von Beispiel 3 und 4, d. h. die Geschwindigkeit der waagrechten Stromlinie kann beim Eintritt in den Abzugsgraben nicht ∞ werden, falls dort Wasser steht. Im Hodographen schließt sich an das Bild der waagrechten Stromlinie das der vorderen Randpotentiallinie an, die sich im Unendlichen mit dem Bild der Sickerstrecke schneidet.

Es sind jetzt 2 Parameter für das geometrische Bild der Grundwasserströmung bestimmend. Die größte Eintritts- und die größte Austrittsgeschwindigkeit, wobei die letztere die größere von beiden sein muß.

Die Aufgabe selbst wurde im einzelnen nicht durchgeführt.

Nachbemerkung. Aus der schon erwähnten Veröffentlichung von Hamel und Günther über Grundwasserströmung[1] wurde das durchgerechnete Beispiel übernommen. Leider sind die willkürlichen Annahmen der Parameter nicht im Hodographen vorgenommen worden, sondern in der oberen Halbebene, so daß über die zugrunde gelegten Geschwindigkeiten unmittelbar (ohne schwierige Rückrechnung) nichts bekannt ist.

Für das in Abb. 88, S. 111 dargestellte Bild ist q/k nicht bekannt. Zeichnet man mit Hilfe des Netzverfahrens die Stromlinien $\psi/4$, $\psi/2$, $\tfrac{3}{4}\psi$ ungefähr entsprechend ein und die dazugehörigen Potentiallinien, dann erkennt man, daß

---

[1] Z. angew. Math. Mech. Bd. 15 (1935) H. 5.

man zu den 4 Stromintervallen etwa 3,3 Potentialintervalle erhält. Der gesamte Potentialabfall ist aber $\varphi = kh$ für freie Oberfläche und Sickerstrecke. $\psi = q = 1\ \mathrm{cm^2/sec}$ angenommen, gibt

$$\varphi = 3{,}3 \cdot \tfrac{1}{4} = k(0{,}124 + 0{,}116)\,\lambda\,,$$

$$k = \frac{3{,}3 \cdot 0{,}25}{0{,}240\,\lambda} = \frac{1}{\lambda} \cdot 3{,}44\ \mathrm{cm/sec}\,,$$

damit

$$\frac{q}{k} = \frac{1 \cdot \lambda}{3{,}44} = 0{,}291\,\lambda\,,$$

$$S_{si} + S_{\mathrm{Vord.\,P.\,L.}} = (0{,}124 + 0{,}081)\,\lambda = 0{,}225\,\lambda = \frac{0{,}225}{0{,}291}\,\frac{\lambda}{\lambda}\,\frac{q}{k} = 0{,}77\,\frac{q}{k}\,.$$

Dieses ungefähr richtige Ergebnis stimmt mit den Untersuchungen für Beispiel 2, 3 und 4 sehr gut überein. Die Berechnung der Austrittshöhe der freien Oberfläche nach Dupuit ergibt

$$y_0 = -L + \sqrt{L^2 + h^2} = -0{,}1585 + \sqrt{0{,}1585^2 + 0{,}321^2}\,,$$

$$y_0 = 0{,}200\,,$$

tatsächlich ist $y_0 = 0{,}205$.

Also auch hier merkwürdige Übereinstimmung, obgleich die Ergiebigkeitsberechnung wieder falsch ist mit

$$y_0 = \frac{q}{k}\,.$$

Hier heißt es

$$y_0 \sim 0{,}77\,\frac{q}{k}\,.$$

Die Form der freien Oberfläche stimmt ähnlich wie bei Beispiel 4 mit der Dupuitschen Parabel nicht überein. Zu einer völligen Erschöpfung des Problems müßten wieder für die verschiedensten Werte der beiden Parameter im Hodographen die Aufgaben gelöst werden und die Ergebnisse in einem räumlichen Koordinatensystem aufgetragen werden. In der Abb. 89, S. 112 wurden diese Verhältnisse nach allgemeiner Betrachtung schematisch eingetragen.

6. Grundwasserstrom über eine lotrechte Wand, aus dem Unendlichen ins Unendliche (Abb. 21).

S. Abb. 90—94, S. 113—116.

a) Aufstellung des Hodographenrandes (Abb. 22).

Der freien Oberfläche entspricht der vollständige Halbkreis, da die freie Oberfläche in unendlicher Tiefe lotrecht wird.

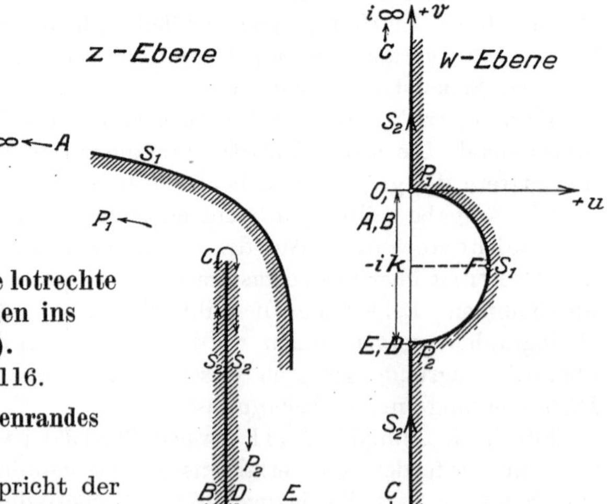

Abb. 21.   Abb. 22.

A_z, B_z fallen in den Pol, in der w-Ebene, da $v_A = v_B = 0$ ist. Bei Punkt D_z und E_z nimmt die Geschwindigkeit die Größe k an (lotrechte Sickerströmung). Also liegen D_w und E_w auf dem lotrechten Polstrahl im Abstand k vom Ursprung, d. h. auf dem unteren Halbkreispunkt. Die Stromlinie BC wird zum Polstrahl in der Richtung $B_z - C_z$. C_w fällt ins Unendliche, da die Stromlinie um $-\pi/2$ ihre Richtung ändert. Die Stromlinie $C_z - D_z$ wird zum vom unendlich fernen Punkt C_w nach D_w gerichteten Polstrahl. Die Geschwindigkeit v_C ist ∞, $v_D = k$. Der Hodograph ist antikonform geschlossen.

b) Ableitung der Abbildungsfunktion.

Der Bereich der w-Ebene muß auf das Rechteck der ξ-Ebene (Abb. 23) abgebildet werden. Diese Abbildung läßt sich nicht unmittelbar durchführen, sondern nur schrittweise.

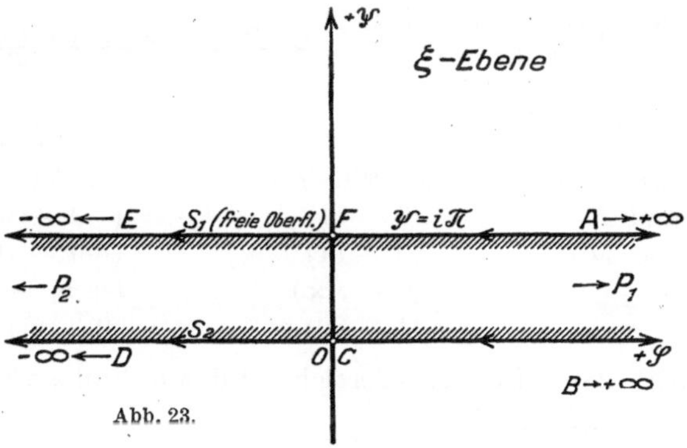

Abb. 23.

I. Schritt. Der w-Bereich (Abb. 24) wird mit dem Kreisdurchmesser k so vergrößert, daß $k/2 = 1$ wird

$$w_I = \frac{2w}{k} \qquad \text{(Abb. 25)}.$$

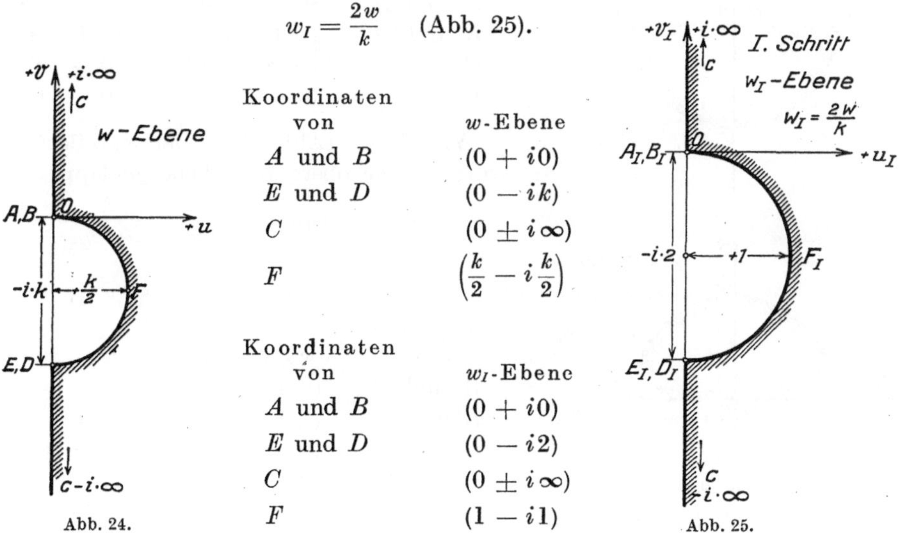

Koordinaten von	w-Ebene
A und B	$(0 + i0)$
E und D	$(0 - ik)$
C	$(0 \pm i\infty)$
F	$\left(\dfrac{k}{2} - i\,\dfrac{k}{2}\right)$

Koordinaten von	w_I-Ebene
A und B	$(0 + i0)$
E und D	$(0 - i2)$
C	$(0 \pm i\infty)$
F	$(1 - i1)$

II. Schritt (Abb. 26). Die w_I-Ebene wird um $+i1$ verschoben.

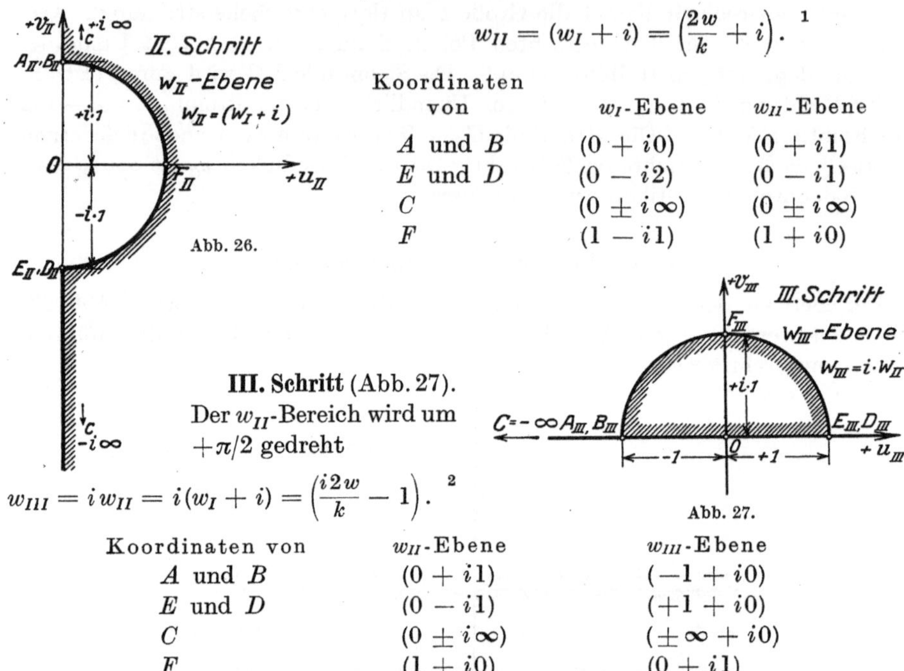

$$w_{II} = (w_I + i) = \left(\frac{2w}{k} + i\right). \quad {}^{1}$$

Koordinaten
von

	w_I-Ebene	w_{II}-Ebene
A und B	$(0 + i0)$	$(0 + i1)$
E und D	$(0 - i2)$	$(0 - i1)$
C	$(0 \pm i\infty)$	$(0 \pm i\infty)$
F	$(1 - i1)$	$(1 + i0)$

III. Schritt (Abb. 27).
Der w_{II}-Bereich wird um
$+\pi/2$ gedreht

$$w_{III} = i\,w_{II} = i(w_I + i) = \left(\frac{i2w}{k} - 1\right). \quad {}^{2}$$

Koordinaten von	w_{II}-Ebene	w_{III}-Ebene
A und B	$(0 + i1)$	$(-1 + i0)$
E und D	$(0 - i1)$	$(+1 + i0)$
C	$(0 \pm i\infty)$	$(\pm\infty + i0)$
F	$(1 + i0)$	$(0 + i1)$

IV. Schritt (Abb. 28). Der w_{III}-Bereich wird am Einheitskreis gespiegelt.

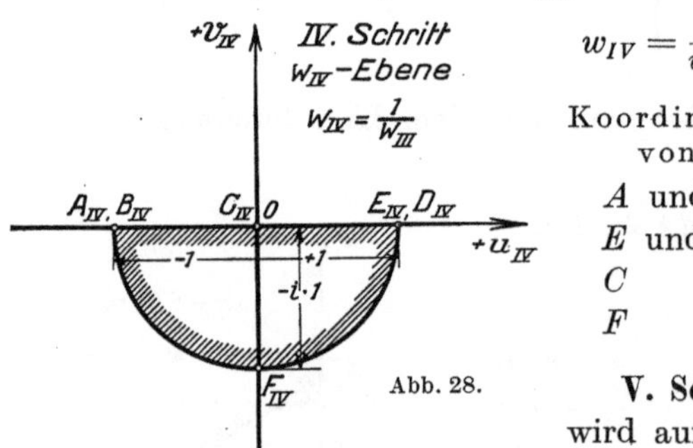

$$w_{IV} = \frac{1}{w_{III}} = \frac{1}{i\,w_{II}} = \frac{1}{i(w_I + i)} = \frac{1}{\left(\dfrac{i2w}{k} - 1\right)}. \quad {}^{3}$$

Koordinaten
von

	w_{III}-Ebene	w_{IV}-Ebene
A und B	$(-1 + i0)$	$(-1 + i0)$
E und D	$(+1 + i0)$	$(+1 + i0)$
C	$(\mp\infty + i0)$	$(0 + i0)$
F	$(0 + i1)$	$(0 - i1)$

V. Schritt. (Abb. 29). Der w_{IV}-Bereich
wird auf die obere Halbebene geklappt

$$w_V = -w_{IV} = -\frac{1}{w_{III}} = -\frac{1}{i\,w_{II}}$$

$$= -\frac{1}{i(w_I + i)} = -\frac{1}{\left(\dfrac{i2w}{k} - 1\right)}.$$

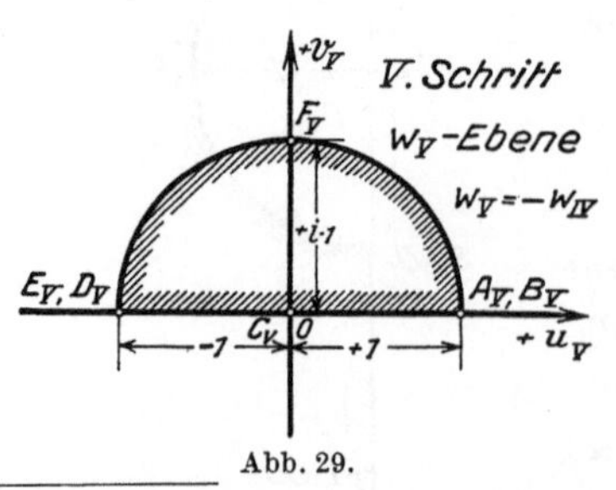

Koordinaten
von

	w_{IV}-Ebene	w_V-Ebene
A und B	$(-1 + i0)$	$(+1 - i0)$
E und D	$(+1 + i0)$	$(-1 - i0)$
C	$(0 + i0)$	$(0 - i0)$
F	$(0 - i1)$	$(0 + i1)$

---

[1] Hütte 25. Aufl. Bd. 1 S. 144 c, 1.   [2] Hütte Bd. 1 S. 144 c, 2.   [3] Hütte Bd. 1 S. 144 c, 3.

Bis zum V. Schritt waren die Transformationen linear, die das Bild als solches nicht änderten.

VI. Schritt (Abb. 30). Der w_V-Bereich wird auf die rechte obere Viertelsebene abgebildet. Das erfolgt mit der linear gebrochenen Transformation:

$$w_{VI} = \left(\frac{1+w_V}{1-w_V}\right) = \left(\frac{1-w_{IV}}{1+w_{IV}}\right) = \left(\frac{1-\dfrac{1}{w_{III}}}{1+\dfrac{1}{w_{III}}}\right)$$

$$= \left(\frac{1+\dfrac{i}{w_{II}}}{1-\dfrac{i}{w_{II}}}\right) = \left(\frac{1+\dfrac{i}{w_I+i}}{1-\dfrac{i}{w_I+i}}\right)$$

$$w_{VI} = \left(\frac{1+\dfrac{i}{\dfrac{2w}{k}+i}}{1-\dfrac{i}{\dfrac{2w}{k}+i}}\right) .\quad ^1$$

Koordinaten von	w_V-Ebene	w_{VI}-Ebene
A und B	$(+1-i0)$	$(+\infty+i0)$
		und $(\;\;\;0+i\infty)$
D und E	$(-1-i0)$	$(\;\;\;0+i0)$
C	$(\;\;\;0-i0)$	$(\;\;\;1+i0)$
F	$(\;\;\;0+i1)$	$(\;\;\;0+i1)$

Der Halbkreis geht in $u_{VI}=0$ über.

VII. Schritt (Abb. 31). Die rechte obere Viertelsebene wird auf die obere Halbebene abgebildet.

$$w_{VII} = (w_{VI})^2 = \left(\frac{1+\dfrac{i}{\dfrac{2w}{k}+i}}{1-\dfrac{i}{\dfrac{2w}{k}+i}}\right)^2 .\quad ^2$$

Koordinaten von	w_{VI}-Ebene	w_{VII}-Ebene
A und B	$(+\infty+i0)$	$(\;\;\;\infty+i0)$
	und $(\;\;\;0+i\infty)$	und $(-\infty+i0)$
D und E	$(\;\;\;0+i0)$	$(+\;0+i0)$
C	$(\;\;\;1+i0)$	$(\;\;\;1+i0)$
F	$(\;\;\;0+i1)$	$(-\;1+i0)$

Der Winkel bei D, E wird verdoppelt. Dort ist damit die Abbildung nicht mehr winkeltreu.

---

^{1} Hütte Bd. 1 S. 144 c, 4. ^{2} Hütte Bd. 1 S. 145 c, 5.

Nun bleibt die Aufgabe übrig, den Bereich der ξ- oder φ, ψ-Ebene (Strom- und Potentialfunktionsebene), (Rechtecksebene) aufzustellen und auf w_{VII} abzubilden (s. Abb. 23).

Wir wissen dabei nur, daß sich ein Parallelstrom vom pos. Unendlichen $(\varphi_A = \varphi_B = +\infty)$ zum neg. Unendlichen $(\varphi_D = \varphi_E = -\infty)$, über die Punkte C und F mit unbekannten Koordinaten, ergießt.

Konforme Abbildung eines konvexen Polygons (ξ-Bereich [Abb. 23]) auf eine Halbebene (w_{VII}-Bereich)[1].

Die Abbildungsfunktion wird mit Hilfe des SCHWARZ-CHRISTOFFELschen Integrals abgeleitet. Es ist

$$\xi = f(w_{VII}) = \int\limits_{w_{VII_0}}^{w_{VII}} \frac{dw_{VII}}{(w_{VII} - u_{VII_1})^{\alpha_1}(w_{VII} - u_{VII_2})^{\alpha_2}},$$

$$u_{VII_1} = (0 + i0) = E_{VII}, \; D_{VII},$$

$$u_{VII_2} = (\pm\infty + i0) = A_{VII}, \; B_{VII},$$

$$u_{VII_1}, \; u_{VII_2}, \; \alpha_1, \; \alpha_2 = \text{reelle Werte},$$

$$u_{VII_2} > u_{VII_1},$$

$$\alpha_1 + \alpha_2 = 2,$$

$$0 < \alpha_1 \leqq 1,$$

$$0 < \alpha_2 \leqq 1.$$

ξ ist eine in der oberen Halbebene ($iw_{VII} \geqq 0$) eindeutige und analytische Funktion, denn sie hat die Ableitung:

$$\frac{d\xi}{dw_{VII}} = \frac{dw_{VII}}{(w_{VII} - u_{VII_1})^{\alpha_1}(w_{VII} - n_{VII_2})^{\alpha_2}} = f'(w_{VII}).$$

$f'(w_{VII})$ heißt das Verzerrungsverhältnis der Abbildung, wobei $|f'(w_{VII})|$ die Längenänderung, $\operatorname{arc} f'(w_{VII})$ die Drehung mißt. In den kleinsten Teilen sind sich ja die entsprechenden Linienelemente ähnlich.

Es ist:

$$\operatorname{arc}(f'(w_{VII})) = -\alpha_1 \operatorname{arc}(w_{VII} - u_{VII_1}) - \alpha_2 \operatorname{arc}(w_{VII} - u_{VII_2}).$$

Diese Ableitung existiert für jeden Wert

$$w_{VII} = u_{VII_1} \quad \text{und} \quad u_{VII_2}.$$

Gerade auch für den unendlich fernen Punkt $A_{VII} = B_{VII}$, $w_{VII} = u_{VII_2}$ existiert die Ableitung.

Wenn der Integrationsweg in der w_{VII}-Ebene von $-\infty$ bis $+\infty$ die beiden singulären Punkte u_{VII_1} und u_{VII_2} durch einen kleinen Halbkreis umgeht, bleibt

$$\operatorname{arc}(f'(w_{VII})).$$

stetig.

Jeder der einzelnen Strecken $A_{VII} - E_{VII}$ und $B_{VII} - D_{VII}$ der u_{VII}-Achse entspricht auf der ξ-Ebene ein Stück einer Geraden und wegen der Stetigkeit

---

[1] Hierzu ROTHE-OLLENDORFF-POHLHAUSEN: Funkentheorie, S. 70, 16. Berlin: Springer 1931.

von $f(w_{VII})$ ergibt die Abbildung dieser Geradenstücke in der ξ-Ebene einen Polygonzug (unendlich langer Streifen), wenn w_{VII} die u_{VII}-Achse von $-\infty$ bis $+\infty$ durchläuft. In der Umgebung von u_{VII_1} nimmt der Arkus von $(w_{VII} - u_{VII_1})$ von π auf 0 ab, also ist die Änderung von

$$\operatorname{arc}(f'(w_{VII})) \quad \text{gleich} \quad (-\alpha_1)(-\pi) = \alpha_1\pi.$$

In der Umgebung von u_{VII_2} nimmt der Arkus von $(w_{VII} - u_{VII_2})$ von 0 auf $+\pi$ ab, also ist die Änderung von

$$\operatorname{arc}(f'(w_{VII})) \quad \text{gleich} \quad (-\alpha_2)(-\pi) = \alpha_2\pi.$$

$\alpha_1\pi$ ist der Außenwinkel des Polygonzuges (Streifens) der ξ-Ebene in der Ecke $-\infty(E, D)$.

$\alpha_2\pi$ ist der Außenwinkel des Streifens der ξ-Ebene in der Ecke $+\infty(A, B)$. Die Summe dieser Außenwinkel beträgt:

$$\alpha_1\pi + \alpha_2\pi = 2\pi,$$
$$\alpha_1 = 1,$$
$$\alpha_2 = 1.$$

ξ ist auch bei $w_{VII} = \pm\infty$ regulär; der ∞-ferne Punkt wird aus dem Integral weggelassen, da wir $\operatorname{arc}(f'(w_{VII}))$ schon kennen und $|f'(w_{VII})| = \text{const}$ ist. Somit enthält der Streifen der ξ-Ebene genau die 2 Ecken u_{VII_1} und u_{VII_2}, er ist konvex und geschlossen. Die Abbildung ist an den Ecken nicht winkeltreu, die beiden Exponenten α_1 und α_2 sind $= 1$. Die $\Sigma\,\alpha_n = 2$ enthält keine gebrochenen Werte, deren Auswirkung einen Ausdruck $\sqrt{f(x)}$, $f(x) = $ ganze Funktion 3. oder 4. Grades, ergeben würde. Daher kann hier ein elliptisches Integral I. oder II. Gattung oder gar ein ABELsches Integral vermieden werden.

$$\xi = \int \frac{dw_{VII}}{(w_{VII} - u_{VII_1})^1} = \int \frac{dw_{VII}}{w_{VII}} = \ln w_{VII}.$$

w_{VII} in w ausgedrückt ergibt die Abbildungsfunktion für die w-Ebene auf die ξ-Ebene.

Es ist

$$\frac{1 + \dfrac{ik}{2w + ik}}{1 - \dfrac{ik}{2w + ik}} = \frac{2w + ik + ik}{2w + ik - ik} = \frac{w + ik}{w}.$$

Damit

$$\xi = \ln\left(\frac{w + ik}{w}\right)^2 = 2\ln\left(\frac{w + ik}{w}\right).$$

Jetzt muß noch der Punkt C in der ξ-Ebene festgelegt werden.

Es ist:

	w-Ebene	w_{VII}-Ebene
C	$(0 \pm i\infty)$	$(1 + i \cdot 0)$

w_{VII}-Wert eingesetzt.

$$\xi = \varphi + i\psi = \ln(w_{VII}) = \ln(u_{VII} + iv_{VII}),$$
$$\varphi + i\psi = \ln 1 = 0.$$

Also hat C die Koordinaten: $\varphi = 0$, $\psi = 0$.

Festlegung des Punktes F.

$$w_{VII}\text{-Ebene}$$

$$F \qquad\qquad (-1 + i \cdot 0)$$

$$\varphi + i\psi = \ln(-1) = +i\pi\,,$$
$$\varphi = 0\,,$$
$$\psi = \pi\,. \;[1]$$

Also hat F die Koordinaten: $\varphi = 0$, $\psi = \pi$.

Da aber F irgendwo auf der freien Oberfläche der z-Ebene liegt, liegt es damit auf der Linie, der der Gesamtstromwert ψ zukommt.

Also

$$\psi = \pi\,.$$

Die Abbildungsfunktion ist demnach

$$\xi = 2 \ln \frac{(w + ik)}{w}\,.$$

Wenn nun ψ nicht gleich π ist, sondern gleich q, muß ξ sich vergrößern im Verhältnis q/k.

$$\xi = \frac{2q}{\pi} \ln \frac{(w + ik)}{w}\,.$$

Wenn man die Regelfälle von Quell-Senken-Strömungen näher untersucht, kann man oft enge Übereinstimmung mit den Hodographenströmungen finden.

In Prášil[2], 2. Aufl., S. 184 finden wir das Netz der subtraktiven Überlagerung zweier gleich starker polarer Netze bzw. einer Quelle und einer gleich starken Senke (s. auch Teil I, Kap. F).

Die Abbildungsfunktion lautet mit unseren Bezeichnungen:

$$\xi = \ln\left(w + \frac{k}{2}\right) - \ln\left(w - \frac{k}{2}\right) = \ln\left(\frac{w + \dfrac{k}{2}}{w - \dfrac{k}{2}}\right)\,.$$

Es ist das Netz der apolonischen Kreise. Wir betrachten das Netz außerhalb des strichpunktierten Einheitskreises und nehmen die Quell-Senken-Punkte auf der Imaginärachse an. Ferner verschieben wir die Quelle in den Ursprung, die Senke in den Punkt $(0 - ik)$. Das ergibt die Abbildungsfunktion

$$\xi = \ln\left(\frac{w + ik}{w}\right)\,.$$

Aus den eingeschriebenen Funktionswerten entnehmen wir, daß zwischen Achse und Einheitskreis der Strom $\psi = \frac{15}{30}\pi = \frac{\pi}{2}$ fließt. Haben wir nun q als Strom, so ändert sich ξ im Verhältnis:

$$\frac{2q}{\pi}\,.$$

Also

$$\xi = \frac{2q}{\pi} \ln\left(\frac{w + ik}{w}\right)\,.$$

---

[1] Hütte Bd. 1 S. 67, 13.
[2] Prášil, Fr.: Technische Hydrodynamik. Berlin: Springer 1926.

Auf Grund dieser Überlegungen gibt DACHLER in seiner „Grundwasserströmung"
S. 98 die betrachtete Strömung, allerdings mit anderen Vorzeichen[1].

c) Integration des Hodographen.

Es ist:

$$\xi = \frac{2q}{\pi} \ln\left(\frac{w+ik}{w}\right),$$

hieraus

$$w + ik = w e^{\frac{\pi\xi}{2q}},$$

$$w = \frac{ik}{e^{\frac{\pi\xi}{2q}} - 1},$$

$$z = \int \frac{d\xi}{w} = \frac{1}{ik} \int \left(e^{\frac{\pi\xi}{2q}} - 1\right) d\xi,$$

$$z = \frac{2q}{i\pi k} e^{\frac{\pi\xi}{2q}} - \frac{\xi}{ik}.$$

Diese Funktion bildet die (Rechtecks-) Ebene auf die Grundwasserströmungsebene ab.

d) Aufstellung der Gleichungen der Strom- und Potentiallinien.

$$z = \frac{2q}{i\pi k} e^{\frac{\pi\xi}{2q}} - \frac{\xi}{ik},$$

$$x + iy = \frac{2q}{i\pi k} e^{\frac{\pi}{2q}(\varphi+i\psi)} - \frac{(\varphi+i\psi)}{ik},$$

$$= \frac{2q}{i\pi k} e^{\frac{\pi}{2q}\varphi} e^{\frac{\pi}{2q}i\psi} - \frac{(\varphi+i\psi)}{ik},$$

$$= \frac{2q}{i\pi k} e^{\frac{\pi}{2q}\varphi}\left(\cos\frac{\pi}{2q}\psi + i\sin\frac{\pi}{2q}\psi\right) + \frac{i\varphi}{k} - \frac{\psi}{k},$$

$$x + iy = \frac{2q}{i\pi k} e^{\frac{\pi}{2q}\varphi} \cos\frac{\pi}{2q}\psi + \frac{2q}{\pi k} e^{\frac{\pi}{2q}\varphi} \sin\frac{\pi}{2q}\psi + \frac{i\varphi}{k} - \frac{\psi}{k}.$$

Reeller Teil = 0 gesetzt

$$x = \frac{2q}{\pi k} e^{\frac{\pi\varphi}{2q}} \sin\frac{\pi\psi}{2q} - \frac{\psi}{k}. \tag{1}$$

Imaginärer Teil = 0 gesetzt

$$y = -\frac{2q}{\pi k} e^{\frac{\pi\varphi}{2q}} \cos\frac{\pi\psi}{2q} + \frac{\varphi}{k}. \tag{2}$$

---

[1] Die dort angedeutete Lösung stammt laut Fußnote von A. BARANOFF: Über die Lösung
von Grundwasseraufgaben mit freier Oberfläche. University Research Institute. Shanghai
1935. In englischer Sprache.

Aus (1)

$$\frac{2q}{\pi k}\, e^{\frac{\pi\varphi}{2q}} = \frac{x + \dfrac{\psi}{k}}{\sin\dfrac{\pi\psi}{2q}} ,$$

$$\varphi = \frac{2q}{\pi}\ln\left[\frac{\pi k}{2q}\left(\frac{x + \dfrac{\psi}{k}}{\sin\dfrac{\pi\psi}{2q}}\right)\right] ,$$

in (2)

$$y = -\left(x + \frac{\psi}{k}\right)\frac{\cos\dfrac{\pi\psi}{2q}}{\sin\dfrac{\pi\psi}{2q}} + \frac{2q}{\pi k}\ln\left[\frac{\pi k}{2q}\left(\frac{x + \dfrac{\psi}{k}}{\sin\dfrac{\pi\psi}{2q}}\right)\right] ,$$

Gleichung der Stromlinien.

aus (2)

$$\cos\frac{\pi\psi}{2q} = -\left(y - \frac{\varphi}{k}\right)\frac{\pi k}{2q}\, e^{-\frac{\pi\varphi}{2q}} ,$$

$$\psi = \frac{2q}{\pi}\arccos\left[\left(\frac{\varphi}{k} - y\right)\frac{\pi k}{2q}\, e^{-\frac{\pi\varphi}{2q}}\right] ;$$

in (1)

$$x = \frac{2q}{\pi k}\, e^{\frac{\pi\varphi}{2q}}\sin\left[\arccos\left[\left(\frac{\varphi}{k} - y\right)\frac{\pi k}{2q}\, e^{-\frac{\pi\varphi}{2q}}\right]\right]$$

$$- \frac{2q}{\pi k}\arccos\left[\left(\frac{\varphi}{k} - y\right)\frac{\pi k}{2q}\, e^{-\frac{\pi\varphi}{2q}}\right] ,$$

Gleichung der Potentiallinien.

Die ψ-Werte und φ-Werte schreiten bei der exakten Behandlung in Einheiten von π vorwärts.

$\psi = q$ gesetzt.

$$y = -\left(x + \frac{q}{k}\right)\operatorname{ctg}\frac{\pi}{2} + \frac{2q}{\pi k}\ln\left[\frac{\pi k}{2q}\left(\frac{x + \dfrac{q}{k}}{\sin\dfrac{\pi}{2}}\right)\right] ,$$

$$\operatorname{ctg}\frac{\pi}{2} = 0 , \qquad \sin\frac{\pi}{2} = 1 ,$$

$$y = \frac{2q}{\pi k}\ln\left(\frac{\pi k}{2q}\, x + \frac{\pi}{2}\right) - \left(x + \frac{q}{k}\right) ,$$

Gleichung der freien Oberfläche

oder für die freie Oberfläche $\varphi = ky$ gesetzt

$$x = \frac{2q}{\pi k}\, e^{\frac{\pi k y}{2q}}\sin\left[\arccos\left[(y - y)\frac{\pi k}{2q}\, e^{-\frac{\pi k y}{2q}}\right]\right] ,$$

$$- \frac{2q}{\pi k}\arccos\left[(y - y)\frac{\pi k}{2q}\, e^{-\frac{\pi k y}{2q}}\right] ,$$

$$\arccos 0 = \frac{\pi}{2} , \qquad \sin\frac{\pi}{2} = 1 ,$$

$$x = \frac{2q}{\pi k}\, e^{\frac{\pi k y}{2q}} - \frac{q}{k} .$$

Gleichung der freien Oberfläche.

Diskussion der Kurven.

Die freie Oberfläche hat die Form einer im Maßstab $2q/\pi k$ vergrößerten logarithmischen Linie.

Die übrigen Stromlinien sind ebenfalls logarithmische Linien, überlagert durch eine Gerade.

Die Potentiallinien sind transzendente Kurven von der Form

$$x = c_1 \sin[\arccos c_2 y] - c_3 \arccos c_2 y .$$

Die Gleichungen der Isotachen und Isoklinen der Grundwasserströmung werden so verwickelt, daß sich eine exakte Behandlung nicht lohnt. Man entwirft sie am besten mit dem Isotachen-Isoklinen-Netzverfahren.

Der theoretische Gang ist: Aufstellung der Differentialgleichungen von Strom- und Potentiallinien.

Ein anderer Weg, das Isotachen-Isoklinen-Netz zu finden, ist folgender:

Das in die Hodographen- (w-)Ebene transformierte Isotachen-Isoklinen-Netz ist bekanntlich das Netz aus konzentrischer Kreisschar und Polstrahlen.

Dieses Netz bildet sich auf das Rechtecks- ($t = r + is$-)Netz ab mit der Funktion:

$$t = \ln w$$

und invers

$$w = e^t = e^{r+is}$$

für die Werte

$$0 \leqq r \leqq \infty , \qquad r \text{ entspricht } \ln v ,$$

$$-\frac{\pi}{2} \leqq s \leqq +\frac{\pi}{2} , \qquad s \qquad ,, \qquad v .$$

Die Linien des Hodographen bilden sich aber auf die z-Ebene ab mit der Funktion:

$$z = f(w) .$$

Es ist

$$\xi = \frac{2q}{\pi} \ln \left(\frac{w+ik}{w} \right) ,$$

$$w = \frac{ik}{e^{\frac{\pi \xi}{2q}} - 1} \qquad \text{(s. Abs. c)}.$$

$$z = \frac{2q}{i\pi k} e^{\frac{\pi \xi}{2q}} - \frac{\xi}{ik} .$$

ξ in w ausgedrückt:

$$z = \frac{2q}{i\pi k} e^{\frac{\pi}{2q} \frac{2q}{\pi} \ln \left(\frac{w+ik}{w} \right)} - \frac{2q}{i\pi k} \ln \left(\frac{w+ik}{w} \right) .$$

$w = e^t$ eingesetzt:

$$s = \frac{2q}{i\pi k} e^{\ln \left(\frac{e^t+ik}{e^t} \right)} - \frac{2q}{i\pi k} \ln \left(\frac{e^t + ik}{e^t} \right) ,$$

$$z = \frac{2q}{i\pi k} \left[\frac{e^{\ln (e^t + ik)}}{e^t} - \ln (e^t + ik) + t \right] .$$

Diese Funktion bildet das Isotachen-Isoklinen-Netz der Grundwasserströmung ab.

Wenn die Strömung mit graphischen Methoden ermittelt wird, kann man das Isotachen-Isoklinen-Netz der Grundwasserströmung außer durch unmittelbares Einprobieren einfacher auf folgende Weise erhalten:

Das in die w-Ebene transformierte Netz besteht immer aus einer Kreisschar und aus Polstrahlen.

Der durch den Ordinatenpunkt $-ik$ gehende Kreis hat als Isotache den Wert $\ln k$. Den Isoklinen-Polstrahlen muß man die arc$v$-Werte der z-Ebene zuweisen. Zum Pol hin geht $v \to 0$ zurück, vom Pol weg gegen ∞.

Man sucht auf den zu transformierenden Strom- und Potentiallinien der w-Ebene die entsprechenden Schnittpunkte mit den Kreisen-Isotachen und Geraden-Isoklinen auf. Diese Punkte überträgt man mittels der x- und y-Integralkurven auf die z-Ebene; aus der entsprechenden Verbindung der Punkte gleichen Wertes erhält man das Isotachen-Isoklinen-Netz der z-Ebene.

e) Ermittlung der Hodographenströmung mit dem Isotachen-Isoklinen-Verfahren.
Siehe Abb. 91—92, S. 113—114.

Das Netz ist ohne singuläre Punkte im Bereich und daher leicht aufzustellen.

f) Hodographenintegration.

Sie bietet keine besonderen Schwierigkeiten. Der Zusammenhang wird hergestellt durch Integration längs der Potentiallinie $\varphi = 0$.

Da die lotrechten Stromlinien rechts der Wand $v = k$ haben, ist die Breite der Gesamtströmung im Unendlichen $b = q/k$. Diesem Wert nähert sich die Strombreite asymptotisch.

7. Grundwasserstrom über eine lotrechte Wand, aus dem Unendlichen kommend, in einen waagrechten Schlitz fließend (Abb. 32).

Siehe Abb. 95—99, S. 116—119.

Wie bei der Grundwasserströmung über einer waagrechten Sohle, bei der der Strom in einen waagrechten Schlitz fließt (Aufgabe 1), soll hier bei der Strömung über eine lotrechte Wand ein waagrechter Schlitz, angrenzend an das obere Ende der Wand, angenommen werden.

a) Aufstellung des Hodographenrandes (Abb. 33).

Der freien Oberfläche entspricht der vollständige Halbkreis, da die freie Oberfläche in die waagrechte Sickerstrecke senkrecht einmündet. A_z, B_z fallen in den Pol des w-Bereiches, da $v_A = v_B = 0$ ist. Bei

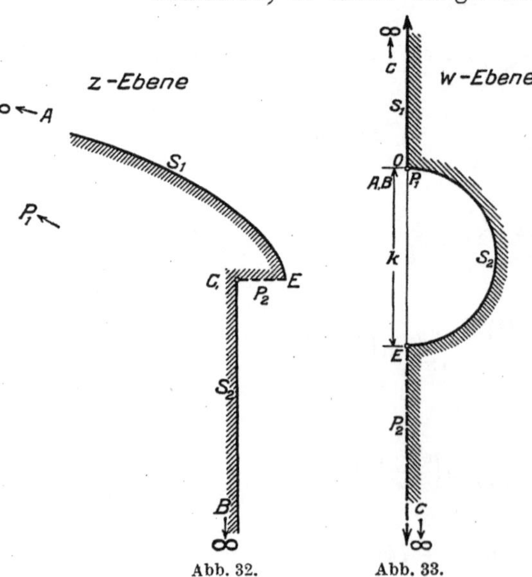

Abb. 32.   Abb. 33.

Punkt E_z hat die Geschwindigkeit den Wert k. Also liegt E_w auf dem lotrechten Polstrahl im Abstand k vom Ursprung, d. h. auf dem unteren Halbkreispunkt. Die Stromlinie BC wird zum Polstrahl in der Richtung $B_z - C_z$. C_w fällt ins Unendliche, da die Stromlinie um $(-\pi/2)$ ihre Richtung ändert. Die Potentiallinie $C_z E_z$ setzt sich aus den Endpunkten der lotrecht einmündenden Stromlinien zusammen. Demnach stellen in der w-Ebene die Endpunkte der lotrechten Geschwindigkeitsvektoren die Potentiallinie dar. Der Hodograph ist antikonform geschlossen.

b) Ableitung der Abbildungsfunktion.

Der Bereich der w-Ebene (Abb. 34) muß auf den Rechtecksbereich der ξ-Ebene abgebildet werden. Diese Abbildung läßt sich nicht unmittelbar durchführen, sondern nur schrittweise.

$$w = w(\xi).$$

Um die Form des Potential- und Stromliniennetzes in der w-Ebene ohne Berücksichtigung des Durchlässigkeitsbeiwertes k und der Wassermenge q, also rein mathematisch, zu finden, wurden hier verschiedene lineare Transformationen weggelassen. Diese Transformationen werden erst bei der Hodographentransformation (Integration) durchgeführt.

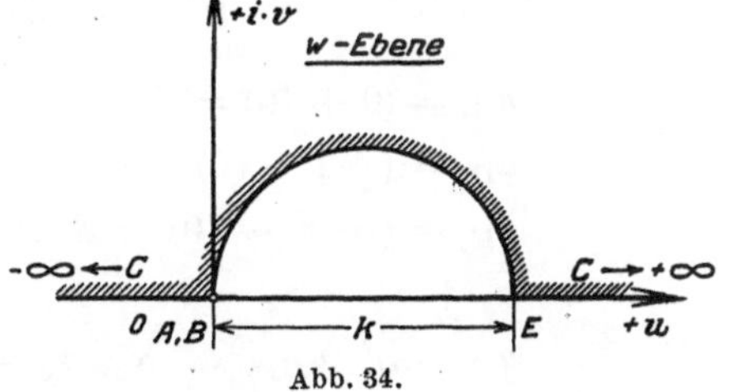

Abb. 34.

Der Halbkreis wird als Einheitskreis angenommen. Der Bereich w wird von vornherein in die obere Halbebene, $\Im w \geqq 0$, als w_I (Abb. 35) gelegt.

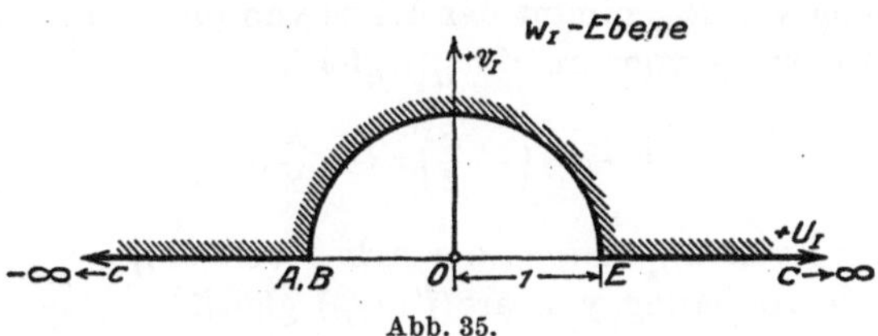

Abb. 35.

Nach den Ergebnissen der Aufgabe 6 wird w_I abgebildet auf die obere Halbebene w_{II} durch die linear gebrochene Transformation

$$w_{II} = \frac{\left(1 - \dfrac{1}{w_I}\right)^2}{\left(1 + \dfrac{1}{w_I}\right)^2} \quad \text{(Abb. 36).}$$

Abb. 36.

Koordinaten von	w_I-Ebene	w_{II}-Ebene
A und B	$(-1 + i0)$	$(\pm\infty + i0)$
C	$(\pm\infty + i0)$	$(+1 + i0)$
E	$(+1 + i0)$	$(0 + i0)$

Wir stellen nun das Rechteck in der ξ-Ebene auf (Abb. 37).

Dabei wissen wir, daß sich ein Parallelstrom vom Unendlichen $\varphi_A = \varphi_B = \mp \infty$ zum Potential $\varphi_{CE} = 0$ bewegt. Wir erhalten vermutlich eine transzendente Funktion und weisen daher dem Strom den reellen Wert π zu.

Die Halbebene w_{II} wird auf den ξ-Bereich abgebildet mittels des Ansatzes von SCHWARZ-CHRISTOFFEL. Wir folgen dabei dem entsprechenden Gang bei Aufgabe 6.

Es ist

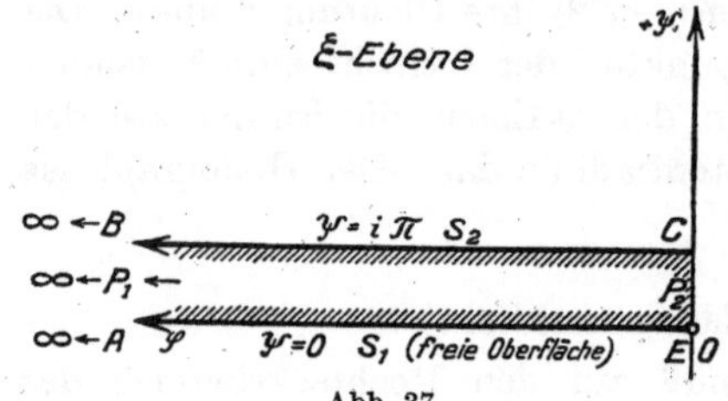

Abb. 37.

$$\xi = f(w_{II}) = \int\limits_{w_{II_0}}^{w_{II}} \frac{d\,w_{II}}{(w_{II} - u_{II_1})^{\alpha_1}\,(w_{II} - u_{II_2})^{\alpha_2}\,(w_{II} - u_{II_3})^{\alpha_3}} \,,$$

$$u_{II_1} = (0 + i0) = E \,,$$

$$u_{II_2} = (+1 + i0) = C \,,$$

$$u_{II_3} = (\pm \infty + i0) = A \,, B \,,$$

$$\alpha_1 + \alpha_2 + \alpha_3 = 2 \,,$$

$$u_{II_1}, \ u_{II_2}, \ u_{II_3}, \ \alpha_1, \ \alpha_2, \ \alpha_3 = \text{reelle Werte} \,,$$

$$u_{II_3} > u_{II_2} > u_{II_1} \,,$$

$$0 < \alpha_1 \leqq 1 \,,$$

$$0 < \alpha_2 \leqq 1 \,,$$

$$0 < \alpha_3 \leqq 1 \,.$$

In der Umgebung von u_{II_1} nimmt der Arkus von $(w_{II} - u_{II_1})$ von 0 auf $+\pi/2$ ab, also ist die Änderung von $\mathrm{arc}\,(f'(w_{II}))$ gleich

$$(-\alpha_1)\left(-\frac{\pi}{2}\right) = \alpha_1\,\frac{\pi}{2} \,.$$

In der Umgebung von u_{II_2} nimmt der Arkus von $(w_{II} - u_{II_2})$ von $+\pi/2$ auf $+\pi$ ab, also ist die Änderung von $\mathrm{arc}\,(f'(w_{II}))$ gleich

$$(-\alpha_2)\left(-\frac{\pi}{2}\right) = \alpha_2\,\frac{\pi}{2} \,.$$

In der Umgebung von u_{II_3} nimmt der Arkus von $(w_{II} - u_{II_3})$ von $+\pi$ auf 0 ab, also ist die Änderung von $\mathrm{arc}\,(f'(w_{II}))$ gleich

$$(-\alpha_3)\,(-\pi) = \alpha_3\,\pi \,.$$

$\alpha_1\,\dfrac{\pi}{2}$ ist der Außenwinkel des Polygonzuges (Streifens) der ξ-Ebene in der Ecke $(0 + i\pi) = E$.

$\alpha_2\,\dfrac{\pi}{2}$ ist der Außenwinkel des Polygonzuges (Streifens) der ξ-Ebene in der Ecke $(0 + i0) = C$.

$\alpha_3\,\pi$ ist der Außenwinkel des Polygonzuges in der Ecke $(-\infty + i0) = A$ und B.

Die Summe dieser Außenwinkel beträgt:

$$\alpha_1\frac{\pi}{2} + \alpha_2\frac{\pi}{2} + \alpha_3\pi = 2\pi,$$

also
$$\alpha_1 = \tfrac{1}{2},$$
$$\alpha_2 = \tfrac{1}{2},$$
$$\alpha_3 = 1.$$

Es ist

$$\xi = \int\limits_{w_{II_0}}^{w_{II}} \frac{dw_{II}}{(w_{II}-0)^{1/2}\,(w_{II}-1)^{1/2}}.$$

Der ∞-ferne Punkt wird aus dem Integral weggelassen, da $\mathrm{arc}\,(f'(w_{II}))$ bekannt ist und $|f'(w_{II})| = \mathrm{const}$ ist.

$$\xi = \int\frac{dw_{II}}{\sqrt{w_{II}(w_{II}-1)}} = \int\frac{dw_{II}}{\sqrt{w_{II}^2 - w_{II}}},$$

$$\xi = \mathfrak{Ar}\,\mathfrak{Cof}\,\frac{-\tfrac{1}{2}+w_{II}}{-\tfrac{1}{2}} = \mathfrak{Ar}\,\mathfrak{Cof}\,(1-2w_{II}) = \ln\!\big(1-2w_{II} + \sqrt{1+4w_{II}^2 - 4w_{II} - 1}\big)\,*,$$

$$\xi = \ln\!\big(1 - 2w_{II} + \sqrt{4w_{II}^2 - 4w_{II}}\big).$$

Wir verifizieren das Ergebnis:

Koordinaten von	w_{II}-Ebene	ξ-Ebene
A und B	$(\pm\infty + i0)$	$-\infty$,
C	$(+1 + i0)$	$(0 + i\pi)$,
		also stimmt die Annahme
E	$(0 + i0)$	$(0 + i0)$.

Die gleiche Umfahrung des ξ-Bereichs und w_{II}-Bereichs läßt das Gebiet zur gleichen Seite liegen.

Inverse Funktion:

$$e^{\xi} = 1 - 2w_{II} + \sqrt{4w_{II}^2 - 4w_{II}}$$

$$-4e^{\xi}w_{II} = 1 - 2e^{\xi} + e^{2\xi},$$

$$w_{II} = \frac{\left(1 - \dfrac{1}{w_I}\right)^2}{\left(1 + \dfrac{1}{w_I}\right)^2}$$

gesetzt, gibt

$$-4e^{\xi}\left(\frac{\left(1 - \dfrac{1}{w_I}\right)^2}{\left(1 + \dfrac{1}{w_I}\right)^2}\right) = 1 - 2e^{\xi} + e^{2\xi},$$

ausmultipliziert:

$$-4e^{\xi}w_I^2 + 8e^{\xi}w_I - 4e^{\xi} = w_I^2 - 2e^{\xi}w_I^2 + e^{2\xi}w_I^2$$
$$+ 2w_I - 4e^{\xi}w_I + 2e^{2\xi}w_I$$
$$+ 1 - 2e^{\xi} + e^{2\xi}.$$

---

* Nach Hütte Bd. 1 S. 75 ff.

Man kann diese Funktion auch ohne das SCHWARZ-CHRISTOFFELsche Integral erhalten, durch schrittweises Weiterabbilden der w_{II}-Ebene auf das Rechteck. Diese Methode ist immer möglich, wenn das SCHWARZ-CHRISTOFFELsche Integral kein elliptisches Integral wird.

Das Rechteck der ξ-Ebene wird auf das Innere des in der oberen Halbebene $\Im \geqq \xi_1$ gelegenen Halbeinheitskreises abgebildet durch

$$\xi_1 = e^{\xi} \quad \text{(Abb. 38)}.$$

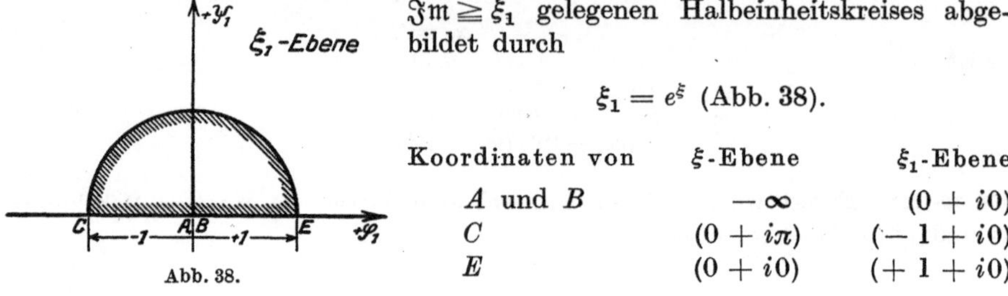

Abb. 38.

Koordinaten von	ξ-Ebene	ξ_1-Ebene
A und B	$-\infty$	$(0 + i0)$
C	$(0 + i\pi)$	$(-1 + i0)$
E	$(0 + i0)$	$(+1 + i0)$

ξ_1 wird auf die obere Halbebene $\Im \geqq \xi_2$ abgebildet durch

$$\xi_2 = \left(\frac{1 + \xi_1}{1 - \xi_1}\right)^2 = \left(\frac{1 + e^{\xi}}{1 - e^{\xi}}\right)^2 \quad \text{(Abb. 39)}.$$

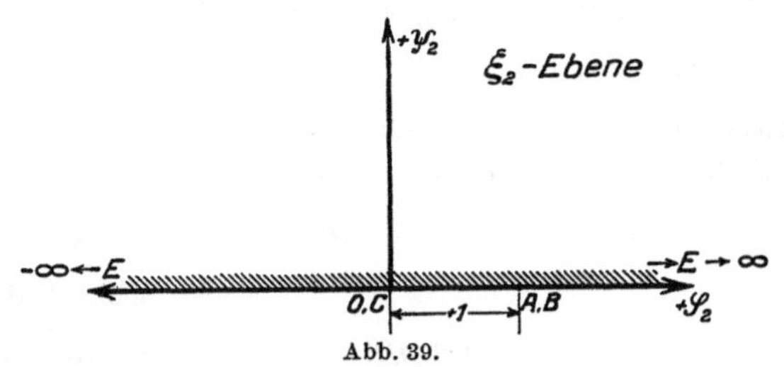

Abb. 39.

Koordinaten von	ξ_1-Ebene	ξ_2-Ebene
A und B	$(\ 0 + i0)$	$(\ 1 + i0)$
C	$(-1 + i0)$	$(\ 0 + i0)$
E	$(+1 + i0)$	$(\pm\infty + i0)$

Bei der gleichen Umfahrung bleibt der Bereich zur gleichen Seite.

ξ_2 muß nun auf die obere Halbebene $\Im \geqq \xi_3$ so abgebildet werden, daß ξ_3 identisch ist mit w_{II}. Diese Abbildung erfolgt durch die Funktion:

$$\xi_3 = \frac{1}{1 - \xi_2} = \frac{1}{1 - \left(\dfrac{1 + e^{\xi}}{1 - e^{\xi}}\right)^2}$$

(Abb. 40).

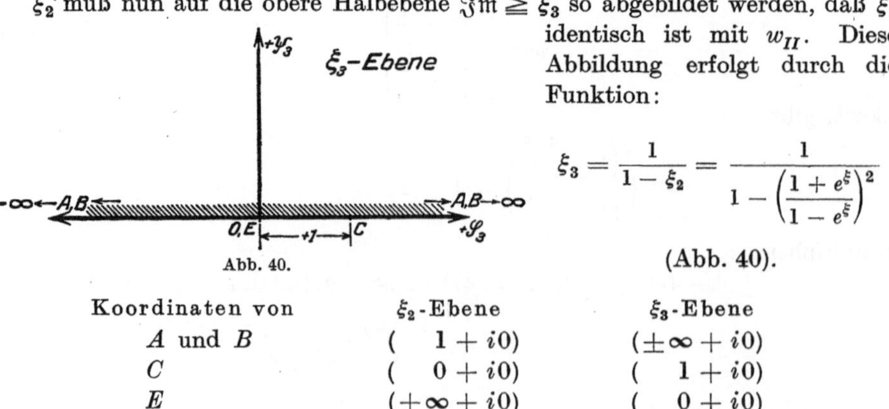

Abb. 40.

Koordinaten von	ξ_2-Ebene	ξ_3-Ebene
A und B	$(\ 1 + i0)$	$(\pm\infty + i0)$
C	$(\ 0 + i0)$	$(\ 1 + i0)$
E	$(\pm\infty + i0)$	$(\ 0 + i0)$

Die Abbildung ist konform mit der ξ_2-Ebene und mit der w_{II}-Ebene identisch. Also ist:

$$\xi_3 = w_{II}$$

oder

$$\frac{1}{1 - \left(\dfrac{1 + e^\xi}{1 - e^\xi}\right)^2} = \frac{\left(1 - \dfrac{1}{w_I}\right)^2}{\left(1 + \dfrac{1}{w_I}\right)^2},$$

ausmultipliziert gibt dies:

$$-4e^\xi w_I^2 + 8e^\xi w_I - 4e^\xi = w_I^2 - 2e^\xi w_I^2 + e^{2\xi} w_I^2$$
$$+ 2w_I - 4e^\xi w_I + 2e^{2\xi} w_I$$
$$+ 1 - 2e^\xi + e^{2\xi},$$

was zu beweisen war.

Inverse Funktion:

nach w_I geordnet:

$$w_I^2 + w_I^2 2e^\xi + w_I^2 e^{2\xi} + 2w_I - 12w_I e^\xi + 2w_I e^{2\xi} + 1 + 2e^\xi + e^{2\xi} = 0,$$

hieraus: $w_I^2(1 + 2e^\xi + e^{2\xi}) + 2w_I(1 - 6e^\xi + e^{2\xi}) + (1 + 2e^\xi + e^{2\xi}) = 0,$

$$w_I^2 + 2w_I \frac{(1 - 6e^\xi + e^{2\xi})}{(1 + e^\xi)^2} + 1 = 0.$$

$$w_I = -\frac{(1 - 6e^\xi + e^{2\xi})}{(1 + e^\xi)^2} \pm \sqrt{\frac{(1 - 6e^\xi + e^{2\xi})^2}{(1 + e^\xi)^4} - 1}.$$

Für die Folge wird an Stelle w_I der Einfachheit halber nur w geschrieben.

$$w = u + iv,$$
$$\xi = \varphi + i\psi.$$

Wir gehen von der impliziten Gleichung aus und ordnen diese um:

$$w^2[e^{2\xi} + 2e^\xi + 1] + w[2e^{2\xi} - 12e^\xi + 2] + e^{2\xi} + 2e^\xi + 1 = 0$$
$$(w + 1)^2(e^\xi + 1)^2 = 16we^\xi;$$

komplex zerlegt in reell und imaginär:

$$(u + iv + 1)^2(e^\varphi(\cos\psi + i\sin\psi) + 1)^2 = 16(u + iv)(e^\varphi(\cos\psi + i\sin\psi))$$

ausmultipliziert: (ψ zur Abkürzung weggelassen)

$$[u^2 + 2iuv - v^2 + 2u + 2iv + 1][e^{2\varphi}(\cos^2 + 2i\sin\cos - \sin^2) +$$
$$+ 2e^\varphi(\cos + i\sin) + 1] =$$
$$+ [16ue^\varphi(\cos + i\sin) + 16ive^\varphi(\cos + i\sin)],$$

reell $= 0 =$ imaginär $= 0$ gesetzt:

$$e^{2\varphi}[(u^2 + 2u + 1 - v^2)(\cos^2 - \sin^2) - 2(2uv + 2v)\sin\cos]$$
$$+ e^\varphi[2(u^2 + 2u + 1 - v^2)\cos - 2(2uv + 2v)\sin - 16u\cos + 16v\sin]$$
$$+ [(u^2 + 2u + 1 - v^2)] = 0 =$$
$$ie^{2\varphi}[(2uv + 2v)(\cos^2 - \sin^2) + 2(u^2 + 2u + 1 - v^2)\sin\cos$$
$$+ ie^\varphi[2(2uv + 2v)\cos + 2(u^2 + 2u + 1 - v^2)\sin - 16u\sin - 16v\cos$$
$$+ [2uv + 2v].$$

$$\text{Substitutionen:}$$

$$\text{I.}$$

$$e^{2\varphi}[(u^2 + 2u + 1 - v^2)\cos^2 - 2(2uv + 2v)\sin\cos - (u^2 + 2u + 1 - v^2)\sin^2]$$
$$+ e^{\varphi}[\{2(u^2 + 2u + 1 - v^2) - 16u\}\cos - \{2(2uv + 2v) - 16v\}\sin]$$
$$+ [u^2 + 2u + 1 - v^2] = 0 = e^{2\varphi}\alpha + e^{\varphi}\beta + \gamma.$$

$$\text{II.}$$

$$e^{2\varphi}[(2uv + 2v)\cos^2 + 2(u^2 + 2u + 1 - v^2)\sin\cos - (2uv + 2v)\sin^2]$$
$$+ e^{\varphi}[\{2(2uv + 2v) - 16v\}\cos + \{2(u^2 + 2u + 1 - v^2) - 16u\}\sin]$$
$$+ [2uv + 2v] = 0 = e^{2\varphi}a + e^{\varphi}b + c,$$

in I.

$$\alpha = \gamma\cos^2 - 2\delta\sin\cos - \gamma\sin^2 \qquad = A_1,$$
$$\beta = (2\gamma - 16u)\cos - (2\delta - 16v)\sin = B_1,$$
$$\qquad\qquad \overset{\|}{\varepsilon} \qquad\qquad\qquad \overset{\|}{\zeta}$$

in II.

$$a = \delta\cos^2 + 2\gamma\sin\cos - \delta\sin^2 \qquad = A_2,.$$
$$b = (2\delta - 16v)\cos + (2\gamma - 16u)\sin = B_2,$$
$$\qquad\quad \overset{\|}{\zeta} \qquad\qquad\qquad \overset{\|}{\varepsilon}$$

wenn

$$\gamma = u^2 + 2u + 1 - v^2 \qquad\qquad\qquad = C_1,$$
$$\delta = 2uv + 2v \qquad\qquad\qquad\qquad\quad = C_2,$$
$$\varepsilon = 2u^2 - 12u + 2 - 2v^2$$
$$\zeta = 4uv - 12v.$$

Aus Gl. I und II nach e^{φ} aufgelöst und gleichgesetzt:

$$\frac{-\beta \pm \sqrt{\beta^2 - 4\alpha\gamma}}{2\alpha} = \frac{-b \pm \sqrt{b^2 - 4ac}}{2a},$$

wenn

$$\sqrt{\beta^2 - 4\alpha\gamma} = \sqrt{B_1^2 - 4A_1C_1} = W_1,$$
$$\sqrt{b^2 - 4ac} = \sqrt{B_2^2 - 4A_2C_2} = W_2$$

gesetzt wird, so ist:

$$-B_1A_2 + W_1A_2 = -B_2A_1 + W_2A_1$$
$$-A_2B_1 + A_1B_2 = -A_2W_1 + A_1W_2$$
$$A_2^2B_1^2 - 2A_1A_2B_1B_2 + A_1^2B_2^2 = A_2^2W_1^2 - 2A_1A_2W_1W_2 + A_1^2W_2^2$$
$$A_2^2(B_1^2 - W_1^2) - 2A_1A_2B_1B_2 + A_1^2(B_2^2 - W_2^2) = -2A_1A_2W_1W_2$$
$$-W_1^2 = -B_1^2 + 4A_1C_1; \qquad -W_2^2 = -B_2^2 + 4A_2C_2$$
$$4A_1A_2^2C_1 - 2A_1A_2B_1B_2 + 4A_1^2A_2C_2 = -2A_1A_2W_1W_2$$
$$(2A_2C_1 - B_1B_2 + 2A_1C_2)^2 = (-W_1W_2)^2 = (B_1^2 - 4A_1C_1)(B_2^2 - 4A_2C_2)$$
$$4A_2^2C_1^2 - 4A_2B_1B_2C_1 + 8A_1A_2C_1C_2 + B_1^2B_2^2 - 4A_1B_1B_2C_2 + 4A_1^2C_2^2$$
$$= B_1^2B_2^2 - 4A_1B_2^2C_1 - 4A_2B_1^2C_2 + 16A_1A_2C_1C_2 = 0$$
$$B_2^2 = \zeta^2\cos^2 + 2\varepsilon\zeta\sin\cos + \varepsilon^2\sin^2$$
$$B_1B_2 = \varepsilon\zeta\cos^2 + (\varepsilon^2 - \zeta^2)\sin\cos + \varepsilon\zeta\sin^2$$
$$B_1^2 = \varepsilon^2\cos^2 - 2\varepsilon\zeta\sin\cos + \zeta^2\sin^2.$$

$$A_1^2 C_2^2 - 2A_1 A_2 C_1 C_2 + A_2^2 C_1^2 + A_1 B_2^2 C_1 - A_1 B_1 B_2 C_2 - A_2 B_1 B_2 C_1 + A_2 B_1^2 C_2 = 0.$$

	$\cos^4\psi$	$\sin\psi\cos^3\psi$	$\sin^2\psi\cos^2\psi$	$\sin^3\psi\cos\psi$	$\sin^4\psi$	
$A_1^2 C_2^2 = \delta^2$	$[+\gamma^2$	$-4\gamma\delta$	$+2\gamma^2$	$+4\gamma\delta$	$+\gamma^2]$	
$-2A_1 A_2 C_1 C_2 = -2\gamma\delta\cdot$	$[+\gamma\delta$	$+2\gamma^2$	$-\gamma\delta$	$+2\delta^2$	$+\gamma\delta$	
		$-2\delta^2$	$-4\gamma\delta$	$-2\gamma^2$		
			$-\gamma\delta$		$]$	
$+A_2^2 C_1^2 = \gamma^2$	$[+\delta^2$	$+4\gamma\delta$	$-2\delta^2$	$-4\gamma\delta$	$+\delta^2$	
			$+4\gamma^2$		$]$	
$+A_1 B_2^2 C_1 = \gamma\ \cdot$	$[\gamma\zeta^2$	$+2\gamma\varepsilon\zeta$	$+\gamma\varepsilon^2$	$-2\delta\varepsilon^2$	$-\gamma\varepsilon^2$	
		$-2\delta\zeta^2$	$-4\delta\zeta$	$-2\gamma\varepsilon\zeta$		
			$-\gamma\zeta^2$		$]$	
$-A_1 B_1 B_2 C_2 = -\delta\cdot$	$[\gamma\varepsilon\zeta$	$+\gamma(\varepsilon^2-\zeta^2)$	$-\gamma\varepsilon\zeta$	$+2\delta\varepsilon\zeta$	$+\gamma\varepsilon\zeta$	
		$-2\delta\varepsilon\zeta$	$-2\delta(\varepsilon^2-\zeta^2)$	$-\gamma^2(\varepsilon^2-\zeta^2)$		
			$-\gamma\varepsilon\zeta$		$]$	
$-A_2 B_1 B_2 C_1 = -\gamma\cdot$	$[\delta\varepsilon\zeta$	$+\delta(\varepsilon^2-\zeta^2)$	$-\delta\varepsilon\zeta$	$-2\gamma\varepsilon\zeta$		
		$+2\gamma\varepsilon\zeta$	$+2\gamma(\varepsilon^2-\zeta^2)$	$-\delta(\varepsilon^2-\zeta^2)$	$+\delta\varepsilon\zeta$	
			$-\delta\varepsilon\zeta$		$]$	
$+A_2 B_1^2 C_2 = \delta\ \cdot$	$[\delta\varepsilon^2$	$-2\delta\varepsilon\zeta$	$+\delta\zeta^2$			
		$+2\gamma\varepsilon^2$	$-4\gamma\varepsilon\zeta$	$+2\gamma\zeta^2$		
$=0$			$-\delta\varepsilon^2$	$+2\delta\varepsilon\zeta$	$-\delta\zeta^2]$	$=0$

Diese Gleichung zusammengefaßt (ψ weggelassen):

$$\cos^4[\gamma^2\zeta^2 - 2\gamma\delta\varepsilon\zeta + \delta^2\varepsilon^2]$$
$$+\sin^2\cos^2[4\gamma^4 + 8\gamma^2\delta^2 + 4\delta^4 + \gamma^2\zeta^2 - \gamma^2\varepsilon^2 - 4\gamma\delta\varepsilon\zeta + \delta^2\varepsilon^2 - \delta^2\zeta^2]$$
$$-\sin^4[\gamma^2\varepsilon^2 + 2\gamma\delta\varepsilon\zeta + \delta^2\zeta^2] = 0$$

oder:

$$\cos^2[(\gamma^2\zeta - \delta\varepsilon)^2\cos^2 + (\gamma\zeta - \delta\varepsilon)^2\sin^2]$$
$$-\sin^2[(\gamma\varepsilon + \delta\zeta)^2\sin^2 + (\gamma\varepsilon + \delta\zeta)^2\cos^2]$$
$$+4\sin^2\cos^2[(\gamma^2 + \delta^2)^2] = 0$$

oder:

$$\cos^2[(\gamma\zeta - \delta\varepsilon)^2] + 4\sin^2\cos^2[(\gamma^2 + \delta^2)^2] + \sin^2[-(\gamma\varepsilon + \delta\zeta)^2] = 0$$
$$(\gamma\zeta - \delta\varepsilon)^2 = A^2$$
$$(\gamma^2 + \delta^2)^2 = B^2$$
$$-(\gamma\varepsilon + \delta\zeta)^2 = -C^2$$

Allgemeine Form der Gleichung

$$A^2\cos^2 + 4B^2\sin^2\cos^2 - C^2\sin^2 = 0.$$

Substitution:

$$\gamma = (u + 1)^2 - v^2 = t^2 - v^2$$
$$\delta = 2(u + 1)v \quad\ = 2tv$$
$$\varepsilon = 2(\gamma - 8u) \quad\ = 2(t^2 - v^2) - 16t + 16$$
$$\zeta = 2(\delta - 8v) \quad\ = 4tv - 16v$$

gilt:
$$\cos^2\psi[16v^3 + 16vt^2 - 32vt]^2 + 4\sin^2\psi\cos^2\psi[v^4 + 2v^2t^2 + t^4]^2$$
$$-\sin^2\psi[2v^4 + 4v^2t^2 + 2t^4 - 16t^3 - 16v^2t + 16t^2 - 16v^2]^2 = 0.$$

Das ist die Gleichung für die ψ-Linien (Stromlinien) in einem $t - v$-Koordinatensystem ($t = u + 1$)

$$0 \leq \psi \leq \pi\,.$$

Für $\psi = 0$ und $\psi = \pi$

$$\sin^2\psi = 0 \qquad \cos^2\psi = 1$$

wird die Gleichung zu

$$v^3 + vt^2 - 2vt = 0$$

$$v = 0 \qquad\qquad \text{(Gerade, Ordinate)}$$

und

$$v^2 + t^2 - 2t = 0\,. \quad \text{(Kreis durch Pol und } t = 2,\ \text{mit Halbmesser} = 1)$$

Durch Einsetzen verschiedener Werte von ψ in die Gleichung, möglichst mit gleichen Wertunterschieden zwischen 0 und π, erhält man die Schar der Stromlinien im Hodograph.

Aus der komplexen Abbildungsfunktion kann man nun durch Eliminieren von ψ eine Funktion $\varphi = f(u, v)$ herstellen. Damit hat man die Gleichung der φ-Linien, Potentiallinien im Hodograph.

Man kann aber auch in die komplexe Funktion ψ mit einem festen Wert einführen (z. B. $\psi = \pi/4$). Dann läßt man φ verschiedene Werte mit den gleichen Unterschieden wie bei ψ annehmen und ermittelt die zugehörigen Koordinaten. Führt man das Verfahren für verschiedene Werte von ψ durch, so erhält man das Potentialliniennetz.

Gibt man in dem Netz dem Halbkreisdurchmesser den Wert k und dem Gesamtstrom den Wert $\psi = 1$, so hat man bei gleichbleibenden geometrischen Verhältnissen den Hodograph für $q/k = 1$.

c) Integration des Hodograph.

Beim Aufsuchen der Abbildungsfunktion des Hodograph wurde die w_I-Ebene als Hodograph angenommen, um durch Transformationen und Beiwerte keine unnötige Belastung für das Aufzeichnen des Strom- und Potentialliniennetzes des Hodograph zu erfahren.

Zum Zwecke der Hodographenintegration muß zwischen w_I-Ebene und w-Ebene die Beziehung hergestellt werden.

Dabei vertauschen wir die Koordinaten der Ebene, so daß die waagrechten Achsen v und y, die lotrechten u und x sind. D. h. wir drehen dadurch ohne Transformation.

I. Schritt. Die w-Ebene wird auf die w_a-Ebene so abgebildet, daß $k/2 = 1$ wird.

$$w_a = \frac{2w}{k}\,.$$

II. Schritt. Die w_a-Ebene wird so verschoben, daß der Kreismittelpunkt in den Ursprung fällt.

$$w_b = (w_a + 1) = \frac{2w}{k} - 1$$

oder

$$w = \frac{w_b k + k}{2} = \frac{k}{2}(w_b + 1)\,.$$

Die w_b-Ebene ist identisch mit der w_I-Ebene, also

$$w = \frac{k}{2}(w_I + 1)\,.$$

Gemäß Aufgabe 6 ist:

$$z = \int \frac{d\xi}{w}.$$

Auf Grund der Ermittlungen zu Beginn der vorliegenden Aufgabe ist:

$$w = \frac{k}{2}\left(1 - \frac{(1 - 6e^\xi + e^{2\xi})}{(1 + e^\xi)^2} + \sqrt{\frac{(1 - 6e^\xi + e^{2\xi})^2}{(1 + e^\xi)^4} - 1}\right),$$

$$w = \frac{k}{2}\left(\frac{(1 + 2e_\xi + e^{2\xi} - 1 + 6e^\xi - e^{2\xi},}{(1 + e^\xi)^2} + \right.$$

$$\left. + \frac{1}{(1 + e^\xi)^2}\sqrt{1 + 36e^{2\xi} + e^{4\xi} - 12e^\xi + 2e^{2\xi} - 12e^{3\xi} - 1 - 4e^{2\xi} - e^{4\xi} - 4e^\xi - 2e^{2\xi} - 4e^{3\xi}}\right),$$

$$w = 2k\left(\frac{2e^\xi + (e^\xi - 1)\sqrt{-e^\xi}}{(1 + e^\xi)^2}\right).$$

Also:

$$z = \frac{1}{2k}\int \frac{(1 + e^\xi)^2\, d\xi}{2e^\xi \pm (\pm e^\xi \mp 1)\sqrt{-e^\xi}}.$$

Nun müssen wir noch den Zusammenhang zwischen q und $\psi = \pi$ herstellen. Es ist mathematisch:

$$\xi = f(w).$$

Es ist physikalisch:

$$\xi = \frac{q}{\pi}f(w).$$

D. h. wir setzen

$$\xi = \frac{\pi}{q}\xi.$$

Damit wird

$$z = \frac{1}{2k}\int -\frac{\left(1 + e^{\frac{\pi}{q}\xi}\right)^2 d\xi}{2e^{\frac{\pi}{q}\xi} \pm \left(\pm e^{\frac{\pi}{q}\xi} \mp 1\right)\sqrt{-e^{\frac{\pi}{q}\xi}}}.$$

Substitution:

$$\sqrt{-e^{\frac{\pi}{q}\xi}} = t \qquad \frac{dt}{dw} = i\,\frac{1\pi e^{\frac{\pi}{q}\xi}}{2\sqrt{e^{\frac{\pi}{q}\xi}}\,q} = \frac{\pi}{2q}t,$$

$$-e^{\frac{\pi}{q}\xi} = t^2 \qquad dw = \frac{2q}{\pi t}dt,$$

$$z = \frac{q}{\pi k}\int \frac{(t + 1)^2}{t^2}\,dt$$

gibt

$$z = \frac{q}{\pi k}\left[-\frac{1}{t} + 2\ln t + t\right].$$

Zwischenrechnung:

$$\ln t = \ln\sqrt{-e^{\frac{\pi}{q}\xi}} \qquad \xi = \varphi + i\psi.$$

Hauptwert des Logarithmus[1]:

$$\ln \sqrt{-e^{\frac{\pi}{q}\xi}} = \ln\left[-e^{\frac{\pi}{2q}\varphi}\sin\frac{\pi}{2q}\psi + i\,e^{\frac{\pi}{2q}\varphi}\cos\frac{\pi\psi}{2q}\right]$$

$$= \sqrt{e^{\frac{\pi}{q}\varphi}} + i\arctan\left[-\operatorname{ctg}\frac{\pi\psi}{2q}\right].$$

$$z = \frac{q}{\pi k}\left[-\frac{1}{\sqrt{-e^{\frac{\pi}{q}\xi}}} + 2\ln\sqrt{-e^{\frac{\pi}{q}\xi}} + \sqrt{-e^{\frac{\pi}{q}\xi}}\right]$$

oder

$$z = \frac{q}{\pi k}\left[i\,e^{-\frac{\pi\xi}{2q}} + i\pi + \frac{\pi\xi}{q} + i\,e^{\frac{\pi\xi}{2q}}\right].$$

Das ist die Abbildungsfunktion zwischen Strom- und Potentialfunktions-(ξ-) Ebene und Grundwasserströmungs- (z-) Ebene.

d) Aufstellung der Gleichungen der Strom- und Potentiallinien.

Die komplexe Funktion

$$z = \frac{q}{\pi k}\left[-\frac{1}{\sqrt{-e^{\frac{\pi}{q}\xi}}} + 2\ln\sqrt{-e^{\frac{\pi}{q}\xi}} + \sqrt{-e^{\frac{\pi}{q}\xi}}\right]$$

wird zerlegt in reelle und imaginäre Glieder.

$$x + iy = i\frac{q}{\pi k}e^{-\frac{\pi\varphi}{2q}}\cos\frac{\pi\psi}{2q} + \frac{q}{\pi k}e^{-\frac{\pi\varphi}{2q}}\sin\frac{\pi\psi}{2q} +$$

$$+ \frac{2q}{\pi k}\ln\sqrt{e^{\frac{\pi}{q}\varphi}} - 2i\frac{q}{\pi k}\arctan\left[\operatorname{ctg}\frac{\pi\psi}{2q}\right] +$$

$$+ \frac{q}{\pi k}i\,e^{\frac{\pi\varphi}{2q}}\cos\frac{\pi\psi}{2q} - \frac{q}{\pi k}e^{\frac{\pi\varphi}{2q}}\sin\frac{\pi\psi}{2q}\,.$$

Reelle Glieder $= 0$.

$$x = \frac{q}{\pi k}e^{-\frac{\pi\varphi}{2q}}\sin\frac{\pi\psi}{2q} + \frac{\varphi}{k} - \frac{q}{\pi k}e^{\frac{\pi\varphi}{2q}}\sin\frac{\pi\psi}{2q}\,. \tag{I}$$

Imaginäre Glieder $= 0$.

$$y = \frac{q}{\pi k}e^{-\frac{\pi\varphi}{2q}}\cos\frac{\pi\psi}{2q} - \frac{2q}{\pi k}\arctan\left[\operatorname{ctg}\frac{\pi\psi}{2q}\right] + \frac{q}{\pi k}e^{\frac{\pi\varphi}{2q}}\cos\frac{\pi\psi}{2q}\,. \tag{II}$$

In II $\psi = 0$ und $kx = \varphi$ gesetzt

$$y = \frac{q}{\pi k}e^{-\frac{\pi k}{2q}x} - \frac{2q}{\pi k}\arctan\left[\operatorname{ctg}\frac{\pi\psi}{2q}\right] + \frac{q}{\pi k}e^{\frac{\pi k}{2q}x}$$

oder

$$y = \frac{q}{\pi k}\left(e^{-\frac{\pi k}{2q}x} + e^{\frac{\pi k}{2q}x} - \pi\right),$$

Gleichung der freien Oberfläche.

---

[1] Hütte Bd. 1 S. 67.

Ermittlung der Stromlinien. Elimination von φ aus Reell und Imaginär:

$$\left(e^{-\frac{\pi\varphi}{2q}} - e^{\frac{\pi\varphi}{2q}}\right) = \frac{x - \frac{\varphi}{k}}{\frac{q}{\pi k}\sin\frac{\pi\psi}{2q}},\qquad\text{(I)}$$

$$\left(e^{-\frac{\pi\varphi}{2q}} + e^{\frac{\pi\varphi}{2q}}\right) = \frac{y + \frac{2q}{\pi k}\operatorname{arc\,tg}\left[\operatorname{ctg}\frac{\pi\psi}{2q}\right]}{\frac{q}{\pi k}\cos\frac{\pi\psi}{2q}}.\qquad\text{(II)}$$

aus (II)

$$1 + e^{\frac{\pi\varphi}{q}} = e^{\frac{\pi\varphi}{2q}}\left[\frac{y + \frac{2q}{\pi k}\operatorname{arc\,tg}\left[\operatorname{ctg}\frac{\pi\psi}{2q}\right]}{\frac{q}{\pi k}\cos\frac{\pi\psi}{2q}}\right],$$

geordnet:

$$e^{\frac{\pi\varphi}{q}} - e^{\frac{\pi\varphi}{2q}}\left[\frac{y + \frac{2q}{\pi k}\operatorname{arc\,tg}\left[\operatorname{ctg}\frac{\pi\psi}{2q}\right]}{\frac{q}{\pi k}\cos\frac{\pi\psi}{2q}}\right] + 1 = 0,$$

$$e^{\frac{\pi\varphi}{2q}} = \frac{1}{2}\left[\frac{y + \frac{2q}{\pi k}\operatorname{arc\,tg}\left[\operatorname{ctg}\frac{\pi\psi}{2q}\right]}{\frac{q}{\pi k}\cos\frac{\pi\psi}{2q}}\right] \pm \sqrt{\frac{1}{4}\left[\frac{y + \frac{2q}{\pi k}\operatorname{arc\,tg}\left[\operatorname{ctg}\frac{\pi\psi}{2q}\right]}{\frac{q}{\pi k}\cos\frac{\pi\psi}{2q}}\right]^2 - 1},$$

$$\varphi = \frac{2q}{\pi}\ln\left[\frac{1}{2}\left[\frac{y + \frac{2q}{\pi k}\operatorname{arc\,tg}\left[\operatorname{ctg}\frac{\pi\psi}{2q}\right]}{\frac{q}{\pi k}\cos\frac{\pi\psi}{2q}}\right] \pm \sqrt{\frac{1}{4}\left[\frac{y + \frac{2q}{\pi k}\operatorname{arc\,tg}\left[\operatorname{ctg}\frac{\pi\psi}{2q}\right]}{\frac{q}{\pi k}\cos\frac{\pi\psi}{2q}}\right]^2 - 1}\right],$$

aus (I)

$$1 - e^{\frac{\pi\varphi}{q}} = e^{\frac{\pi\varphi}{2q}}\left[\frac{x - \frac{2q}{\pi k}\ln\left\{\left[\frac{y + \frac{2q}{\pi k}\operatorname{arc\,tg}\left[\operatorname{ctg}\frac{\pi\psi}{2q}\right]}{\frac{2q}{\pi k}\cos\frac{\pi\psi}{2q}}\right] \pm \sqrt{\frac{1}{4}\left[\frac{y + \frac{2q}{\pi k}\operatorname{arc\,tg}\left[\operatorname{ctg}\frac{\pi\psi}{2q}\right]}{\frac{q}{\pi k}\cos\frac{\pi\psi}{2q}}\right]^2 - 1}\right\}}{\frac{q}{\pi k}\sin\frac{\pi\psi}{2q}}\right],$$

$$e^{\frac{\pi\varphi}{q}} + e^{\frac{\pi\varphi}{2q}}\left[\quad\right] - 1 = 0,$$

$$\varphi = \frac{2q}{\pi}\ln\left\{-\left[\frac{x - \frac{2q}{\pi k}\ln\left\{\left[\frac{y + \frac{2q}{\pi k}\operatorname{arc\,tg}\left[\operatorname{ctg}\frac{\pi\psi}{2q}\right]}{\frac{2q}{\pi k}\cos\frac{\pi\psi}{2q}}\right] \pm \sqrt{\frac{1}{4}\left[\frac{y + \frac{2q}{\pi k}\operatorname{arc\,tg}\left[\operatorname{ctg}\frac{\pi\psi}{2q}\right]}{\frac{q}{\pi k}\cos\frac{\pi\psi}{2q}}\right]^2 - 1}\right\}}{\frac{2q}{\pi k}\sin\frac{\pi\psi}{2q}}\right]\right.$$

$$\left.\pm \sqrt{\frac{1}{4}\left[\frac{x - \frac{2q}{\pi k}\ln\left\{\left[\frac{y + \frac{2q}{\pi k}\operatorname{arc\,tg}\left[\operatorname{ctg}\frac{\pi\psi}{2q}\right]}{\frac{2q}{\pi k}\cos\frac{\pi\psi}{2q}}\right] \pm \sqrt{\frac{1}{4}\left[\frac{y + \frac{2q}{\pi k}\operatorname{arc\,tg}\left[\operatorname{ctg}\frac{\pi\psi}{2q}\right]}{\frac{q}{\pi k}\cos\frac{\pi\psi}{2q}}\right]^2 - 1}\right\}}{\frac{q}{\pi k}\sin\frac{\pi\psi}{2q}}\right]^2 + 1}\right\}.$$

$$\varphi_{(I)} = \varphi_{(II)} \quad \text{gesetzt;}$$

gibt:

$$\dot{\psi} = f(x, y) .$$

$$\left[\left[\frac{y + \dfrac{2q}{\pi k}\operatorname{arc\,tg}\left[\operatorname{ctg}\dfrac{\pi\psi}{2q}\right]}{\dfrac{2q}{\pi k}\cos\dfrac{\pi\psi}{2q}}\right] \pm \sqrt{\frac{1}{4}\left[\frac{y + \dfrac{2q}{\pi k}\operatorname{arc\,tg}\left[\operatorname{ctg}\dfrac{\pi\psi}{2q}\right]}{\dfrac{q}{\pi k}\cos\dfrac{\pi\psi}{2q}}\right]^2 - 1}\right]$$

$$= -\left[\frac{x - \dfrac{2q}{\pi k}\ln\left\{\left[\dfrac{y + \dfrac{2q}{\pi k}\operatorname{arc\,tg}\left[\operatorname{ctg}\dfrac{\pi\psi}{2q}\right]}{\dfrac{2q}{\pi k}\cos\dfrac{\pi\psi}{2q}}\right] \pm \sqrt{\dfrac{1}{4}\left[\dfrac{y + \dfrac{2q}{\pi k}\operatorname{arc\,tg}\left[\operatorname{ctg}\dfrac{\pi\psi}{2q}\right]}{\dfrac{q}{\pi k}\cos\dfrac{\pi\psi}{2q}}\right]^2 - 1}\right\}}{\dfrac{2q}{\pi k}\sin\dfrac{\pi\psi}{2q}}\right]$$

$$\pm \sqrt{\frac{1}{4}\left[\frac{x - \dfrac{2q}{\pi k}\ln\left\{\left[\dfrac{y + \dfrac{2q}{\pi k}\operatorname{arc\,tg}\left[\operatorname{ctg}\dfrac{\pi\psi}{2q}\right]}{\dfrac{2q}{\pi k}\cos\dfrac{\pi\psi}{2q}}\right] \pm \sqrt{\dfrac{1}{4}\left[\dfrac{y + \dfrac{2q}{\pi k}\operatorname{arc\,tg}\left[\operatorname{ctg}\dfrac{\pi\psi}{2q}\right]}{\dfrac{q}{\pi k}\cos\dfrac{\pi\psi}{2q}}\right]^2 - 1}\right\}}{\dfrac{q}{\pi k}\sin\dfrac{\pi\psi}{2q}}\right]^2 + 1} .$$

Das ist die allgemeine Gleichung der Stromlinien.

Ermittlung der Potentiallinien. Elimination von ψ aus Reell und Imaginär. Aus (I):

$$\sin\frac{\pi\psi}{2q} = \frac{x - \dfrac{\varphi}{k}}{\dfrac{q}{\pi k}\left(e^{-\frac{\pi\varphi}{2q}} - e^{\frac{\pi\varphi}{2q}}\right)} = [1] , \tag{a}$$

aus (II):

$$\cos\frac{\pi\psi}{2q} = \frac{y + \dfrac{2q}{\pi k}\operatorname{arc\,tg}\left[\operatorname{ctg}\dfrac{\pi\psi}{2q}\right]}{\dfrac{q}{\pi k}\left(e^{-\frac{\pi\varphi}{2q}} + e^{\frac{\pi\varphi}{2q}}\right)} = [2] , \tag{b}$$

nach Umordnung

$$\operatorname{arc\,sin}[1] = \operatorname{arc\,cos}[2]$$

$$[2] = \cos(\operatorname{arc\,sin}[1]) .$$

$$\operatorname{arc\,tg}\left[\operatorname{ctg}\frac{\pi\psi}{2q}\right] = \left[\frac{q}{\pi k}\left(e^{-\frac{\pi\varphi}{2q}} + e^{\frac{\pi\varphi}{2q}}\right)\cos\left\{\operatorname{arc\,sin}\left[\frac{x - \dfrac{\varphi}{k}}{\dfrac{q}{\pi k}\left(e^{-\frac{\pi\varphi}{2q}} - e^{\frac{\pi\varphi}{2q}}\right)}\right]\right\} - y\right]\frac{\pi k}{2q} ,$$

$$\frac{\pi\psi}{2q} = \operatorname{arc\,ctg}\left[\operatorname{tg}\left[\frac{q}{\pi k}\left(e^{-\frac{\pi\varphi}{2q}} + e^{\frac{\pi\varphi}{2q}}\right)\cos\left\{\operatorname{arc\,sin}\left[\frac{x - \dfrac{\varphi}{k}}{\dfrac{q}{\pi k}\left(e^{-\frac{\pi\varphi}{2q}} - e^{\frac{\pi\varphi}{2q}}\right)}\right]\right\} - y\right]\frac{\pi k}{2q}\right] ,$$

in (I) eingesetzt:

$$\varphi = f(x, y) \, .$$

in (a) eingesetzt:

$$\arc\sin\left[\frac{\left(x - \dfrac{\varphi}{k}\right)}{\dfrac{q}{\pi k}\left(e^{-\frac{\pi\varphi}{2q}} - e^{\frac{\pi\varphi}{2q}}\right)}\right]$$

$$= \arc\ctg\left[\tg\left[\frac{q}{\pi k}\left(e^{-\frac{\pi\varphi}{2q}} + e^{\frac{\pi\varphi}{2q}}\right)\cos\left\{\arc\sin\left[\frac{x - \dfrac{\varphi}{k}}{\dfrac{q}{\pi k}\left(e^{-\frac{\pi\varphi}{2q}} - e^{\frac{\pi\varphi}{2q}}\right)}\right]\right\} - y\right]\frac{\pi k}{2q}\right] \, .$$

Das ist die allgemeine Gleichung der Potentiallinien.

Die Gleichung der freien Oberfläche lautete:

$$y = \frac{q}{\pi k}\, e^{\frac{\pi k}{2q}x} + \frac{q}{\pi k}\, e^{-\frac{\pi k}{2q}x} - \frac{q}{k} \, .$$

Für das Beispiel 6 lautete die Gleichung der freien Oberfläche (bei vertauschten Koordinaten)

$$y = \frac{2q}{\pi k}\, e^{\frac{\pi k}{2q}x} - \frac{q}{k} \, .$$

Die Entfernung der freien Oberfläche von der lotrechten Wand am Schlitz beträgt:

$$x = 0 \quad \text{gesetzt,}$$

$$y = \frac{q}{\pi k}\,(2 - \pi) \, ,$$

$$y = -0{,}363\,\frac{q}{k} \, .$$

Die Überströmungshöhe a über der lotrechten Wand ist:

$$y = 0 \;\text{gesetzt:} \quad 0 = e^{\frac{\pi k}{2q}x} + e^{-\frac{\pi k}{2q}x} - \pi \, ,$$

$$x = \frac{2q}{\pi k}\ln\left(\frac{\pi}{2} \pm \sqrt{\frac{\pi^2}{4} - 1}\right) \, ,$$

$$x = 0{,}652\,\frac{q}{k} \, .$$

Die beiden Gleichungen für die freien Oberflächen nach Beispiel 6 und 7 haben einen sehr verwandten Aufbau.

Man muß berücksichtigen, daß der Koordinatennullpunkt bei der Aufgabe 7 mit dem oberen Ende der lotrechten Wand zusammenfällt, bei Nr. 6 aber um $2q/\pi k$ über diesem Punkt liegt.

Beide Gleichungen auf Wandende als Koordinatennullpunkt bezogen, lauten:

$$y = \frac{q}{\pi k}\, e^{\frac{\pi k}{2q}x} + \frac{q}{\pi k}\, e^{-\frac{\pi k}{2q}x} - \frac{q}{k} \qquad\qquad \text{(Beispiel 7)}$$

und

$$y = \frac{2q}{\pi k}\, e^{\frac{\pi k}{2q}x-1} - \frac{q}{k} \, . \qquad\qquad \text{(Beispiel 6)}$$

Für große x wird der Wert des Gliedes $\dfrac{q}{\pi k}\,e^{-\frac{\pi k}{2q}x} \to 0$. Dann lautet mit annähernder Gültigkeit:

$$y = \frac{q}{\pi k}\,e^{\frac{\pi k}{2q}x} - \frac{q}{k} \qquad\qquad \text{(Beispiel 7)}$$

und

$$y = \frac{2q}{\pi k}\,e^{\frac{\pi k}{2q}x-1} - \frac{q}{k}\,. \qquad\qquad \text{(Beispiel 6)}$$

Die Strömung über die gleiche Wand nach Beispiel 6 hat eine höher gelegene freie Oberfläche (um rund $0{,}4\,q/k$) bei gleichem q/k als die Strömung nach Beispiel 7.

e) Ermittlung der Hodographenströmung mit dem Isotachen-Isoklinen-Verfahren.

Siehe Abb. 97, S. 117.

Das Netz ist ohne singuläre Punkte im Bereich und daher leicht aufzustellen.

Um die Genauigkeit des Verfahrens überprüfen zu können, wurde das Netz mit nicht ganz reinen Quadraten eingezeichnet. Nach Durchführung der verschiedenen Integrationen ergab sich eine größte Abweichung von $2{,}7\%$ der Ordinatenwerte an einem Punkt der freien Oberfläche zwischen mathematisch und graphisch erhaltenen Größen. Die beiden Linien konvergieren sehr rasch wieder, was aus einem Vergleich der Integralkurven zu entnehmen ist.

f) Hodographen-Integration.

Sie bietet keine besonderen Schwierigkeiten. Der Zusammenhang wird hergestellt durch Integration längs der Potentiallinie $\varphi = 0$. Der graphisch ermittelte Wert ist für $S_{\varphi_0} = 0{,}366\,q/k$, der mathematisch ermittelte Wert $S\varphi_0 = 0{,}363\,q/k$.

8. Grundwasserstrom aus dem Unendlichen zu einem Graben mit durchlässiger Sohle und lotrechten Böschungen. Böschung ist reine Sickerstrecke.

Siehe Abb. 100—106, S. 119—121.

Vorbemerkung. Der Fall, daß der Graben bis auf die undurchlässige Sohle herabreicht, ist eigentlich in der Praxis sehr selten. Meist liegt die als praktisch undurchlässig anzusehende Sohle tiefer als die Grabensohle. Der allgemeinste Fall hierfür ist der, daß die undurchlässige Sohle unendlich tief ist.

Es lassen sich nun viele Möglichkeiten für die Grundwasserströmungsbilder aufstellen. Der vorliegende wird von *einem* Parameter (Sohlenbreite) bestimmt. Wenn im Abzugsgraben Wasser steht, bestimmen zwei Parameter (Sohlenbreite und Wassertiefe) die Aufgabe.

Ist die undurchlässige Sohle nicht unendlich tief, so sind drei Parameter (Sohlenbreite, Wassertiefe und Tiefe der undurchlässigen Schicht) maßgebend. Die gleiche Zahl Parameter ergeben ein eindeutig festgelegtes Strömungsbild, wenn der Entnahmegraben dazu noch in endliche Entfernung heranrückt.

a) Aufstellung des Hodographenrandes.

Im Grundwasserströmungsbild kann die lotrechte Stromlinie als Symmetrie-achse betrachtet werden. Dies bestätigt ein später noch zu schildernder Grund-wasserströmungsversuch. Die freie Oberfläche wird durch den Halbkreis dar-gestellt. Da die Strömung aus dem Unendlichen kommt und die Grabenböschung lotrecht ist, ist sie der ganze Halbkreis. Die Sickerstrecke ist die bekannte Parallele zur Waagrechten durch den unteren Halbkreispunkt. Die Niveaulinie der Graben-sohle ist der aus dem Unendlichen kommende lotrechte Polstrahl im Hodograph. Andererseits ist die lotrechte Stromlinie der z-Ebene ein lotrechter Polstrahl. Aus Gründen der Konformität muß die Stromlinie der untere Teil des lotrechten Polstrahls sein, und zwar in seiner Länge als Parameter der Aufgabe.

b) Isotachen-Isoklinen-Netz.

Die Isoklinenpunkte liegen auf Halbkreis und Sickerstrecke fest. Die lot-rechte Stromlinie ist $v = +90°$, die lotrechte Potentiallinie ist $v = +180°$. Im Feld tritt ein Verzweigungspunkt auf. Der Pol ist Quellpunkt für die Isoklinen von $+90$ bis $0°$. Der untere Halbkreispunkt ist Senkenpunkt für -180 bis $0°$. Der Endpunkt der lotrechten Stromlinie ist singulärer Punkt und Quellpunkt für die Isoklinen zwischen $+180$ und $+90°$. Auf der lotrechten Stromlinie liegt ein singulärer Punkt (Verzweigungspunkt), der Staupunkt ist. Das ganze Bild stellt komplizierte, sich gegenseitig verdrängende Quell-Senken-Strömungen dar.

c) Ermittlung der Hodographenströmung
und
d) Hodographenintegration

bieten keine neuen Probleme.

Der Parameter der Aufgabe beeinflußt die Länge der Sickerstrecke und die Länge der Sohle. Bei Parameter $= 1k$ wird $S_{\mathrm{Si}} = 0{,}26\ q/k$ und $S_{\mathrm{So}} = 0{,}43\ q/k$.

Nachbemerkung. Die mathematisch einfach darstellbaren Gleichungen der freien Oberflächen nach Beispiel 6 und 7 und eine gewisse Verwandtschaft zwischen den einzelnen Randbedingungen geben Veranlassung, deren näherungs-weise Verwendung zu untersuchen.

Die Größe der Überströmungshöhe in Beispiel 6 ist $a = 0{,}923\ q/k$. Trägt man diesen Wert ($q/k = q/k$ der vorliegenden Aufgabe) von Sohlenmitte, ab-gewickelt über halbe Sohle und Sickerstrecke ab, so kann man durch den ge-fundenen Endpunkt die dem Grundwert q/k entsprechende logarithmische Linie legen und einen Vergleich über den ähnlichen Verlauf der beiden freien Ober-flächen anstellen. Für den hier gewählten Parameter stimmt der Vergleich annehmbar, vielleicht wäre die Übereinstimmung mit der freien Oberfläche nach Beispiel 7 noch besser. Gibt man dem Parameter veränderliche Werte, so ergibt sich nach allgemeiner Betrachtung schematisch das Bild der Abb. 106, S. 121.

Der Gültigkeitsbereich für die Überlagerung mit der logarithmischen Kurve kann als zutreffend auf das Verhältnis

$$\frac{\text{halbe Sohlenbreite}}{\text{Sickerstrecke}} \lessgtr 5$$

geschätzt werden.

9. Grundwasserstrom aus dem Unendlichen zu einem Graben mit durchlässiger Sohle, lotrechten Böschungen und Wasserstand im Graben. Böschung ist Sickerstrecke und Potentiallinie.

Siehe Abb. 107—113, S. 122—125.

Vorbemerkung. Durch das Vorhandensein eines Wasserstandes im Graben wird ein weiterer Parameter in die Aufgabe eingeführt. Wie später ersichtlich wird, wird die lotrechte Graben-Potential-Linie der z-Ebene im Hodograph durch einen vom Unendlichen in das Gebiet hereinragenden Schlitz dargestellt.

Dadurch wird die Aufgabe für die mathematische Behandlung praktisch unlösbar. Bei allen Transformationen wird dieser Schlitz mitgeschleppt und könnte theoretisch mit dem KOEBEschen Schmiegungsverfahren dem Rand angeschmiegt werden.

a) Aufstellung des Hodographenrandes.

Freie Oberfläche und Sickerstrecke, lotrechte Stromlinie und Sohle (Potentiallinie) des Grabens der z-Ebene werden wie bei Beispiel 8 im Hodograph dargestellt. Zwischen Grabensohle und Sickerstrecke kommt die lotrechte Grabenpotentiallinie. Im Hodograph muß ihr der dazu senkrechte Polstrahl entsprechen. Sie trifft die Sickerstrecke im Unendlichen. Wenn diese Potentiallinie bis zum Pol hereingeht, ist der Bereich in zwei Teile durch diesen Schlitz geteilt. Das ist ein Grenzfall. Der Bereich muß aber zusammenhängend bleiben. Die Potentiallinie kommt vom Unendlichen (Schnittpunkt mit der Sickerstrecke) herein und wendet wieder zum Unendlichen, wo sie die lotrechte Potentiallinie des Hodograph schneidet. Sie besteht gewissermaßen aus zwei Linien. Der Punkt mit dem geringsten Polabstand entspricht in der z-Ebene irgendeinem von vornherein nicht bekannten Punkt der lotrechten Graben-Potential-Linie, wo die Geschwindigkeit ihren Geringstwert annimmt. Diese Geschwindigkeit wurde im vorliegenden Fall zu $1\,k$ gewählt.

Die beiden Abbildungen entsprechen sich im antikonformen Sinn.

b) Isotachen-Isoklinen-Netz.

Die Isoklinen-Werte liegen auf der Berandung im Hodograph fest: Halbkreis, Sickerstrecke, waagrechte Potentiallinie auf der unteren Seite mit $+90°$, da die Stromlinien nach oben senkrecht einmünden; auf der oberen Seite mit $-90°$, da die Stromlinien nach unten senkrecht einmünden. Am Umkehrpunkt gehen alle Isoklinen zwischen $+90$ und $-90°$ durch, es besteht also dort eine Quelle. Die lotrechte Potentiallinie ist Isokline $+180°$, die lotrechte Stromlinie ist Isokline $+90°$. Der singuläre Punkt zwischen beiden ist Quellpunkt für die Isoklinen von $+180$ bis $+90°$. Der Pol ist Quellpunkt für die Isoklinen von $+90$ bis $0°$. Der untere Halbkreispunkt ist Senkenpunkt für die Isoklinen von 180 bis $0°$.

Im Unendlichen (Senke) ist $v = 0$, in den Quellpunkten $v = \infty$ und in der Senke $v = 0$.

Die waagrechte Potentiallinie wirkt wie eine Trennwand für die auf ihrem Ende sitzende Quelle.

Im Felde befinden sich zwei Verzweigungspunkte, wobei der obere ein typischer Staupunkt ist, der Verzweigungspunkt auf der lotrechten Stromlinie ist ebenfalls Staupunkt.

Es sind drei eigentliche Quellen vorhanden, die sich gegenseitig verdrängen und eine ausgebildete Senke.

c) Ermittlung der Hodographenströmung.

Grundbedingung ist wieder, längs der gesamten Berandung die entsprechenden Werte und ihre Verteilung zu ermitteln und außerdem genügend Feldintegrationen durchzuführen. Eine wichtige Kontrolle ist die Integration von der einen Potentiallinie zur anderen, deren Summe Null sein muß.

d) Hodographenintegration.

Wenn man einige Übung hat, genügt es, nur die Randwerte zu integrieren. Das Grundwasserströmungsfeld wird dazu entworfen und die Netzpunkte werden durch Differentiation überprüft.

Die beiden Aufgabenparameter werden je zu $1\,k$ gewählt. Es ergibt sich dabei:

$$S_{So} = 0{,}298\,\frac{q}{k}\,; \qquad S_{\varphi_0} = 0{,}387\,\frac{q}{k}\,; \qquad S_{Si} = 0{,}082\,\frac{q}{k}\,.$$

Nachbemerkung. Die Summe der eben erwähnten drei Längen beträgt $0{,}767\ q/k$. Die Überströmungshöhe $a = 0{,}923\ q/k$ der Aufgabe 6 mit der logarithmischen Kurve wurde auf dem Rand abgewickelt und die freien Oberflächen miteinander verglichen.

Man sieht daraus, daß für Überschlagsberechnungen die Näherung brauchbar ist. Wenn ähnliche geometrische Bilder eines Graben- oder Baugrubenquerschnitts vorliegen, dann mißt man von Sohlenmitte bis zum Eintritt der freien Oberfläche die Berandungslänge a. Der k-Wert als Bodenkonstante kann ermittelt werden. Dann ist $q = 1/0{,}923\,a\,k$ m³/sec und lfdm. Überschlägig könnte man aus q und a auch k ermitteln.

Diese Näherung gilt aber nur in einem gewissen Bereich, der durch die Parameter bestimmt wird.

Es wurde versucht, in Abb. 113, S. 125 diese Verhältnisse nach allgemeiner Betrachtung schematisch darzustellen.

10. Einige Grundwasserströmungen mit verwickelteren Randbedingungen.

Der nächste Fall einer *Grundwasserströmung zu einem Graben mit lotrechten Böschungen und Wasserstand im Graben* ist der bei *tiefliegender undurchlässiger Sohle*. Es tritt ein weiterer Parameter auf, und zwar die waagrechte Stromlinie. Der Hodograph wird durch sie vom Pol aus geschlitzt (s. Abb. 114, S. 125). Die beiden Schlitze können sich im Grenzfall berühren. Im übrigen muß der Stromlinienvektor kleiner als der Potentiallinienvektor sein. Der Größtwert des Stromlinienvektors gibt die größte auftretende Sohlengeschwindigkeit in einem von vornherein nicht bekannten Sohlenpunkt an. Diese Stromlinie kehrt im Hodograph wieder zum Nullpunkt hin um. Maßgeblich sind drei Parameter.

Kommt die Strömung über der undurchlässigen Sohle nicht mehr aus dem Unendlichen, sondern von einem in der Nähe gelegenen Speisungsgraben mit

lotrechter Böschung, dann tritt ein 4. Parameter hinzu. Diese lotrechte Potentiallinie kann im Hodograph nur durch einen waagrechten Polstrahl abgebildet
werden; dort ist aber die waagrechte Stromlinie auch unterzubringen. Aus
Gründen der Konformität müssen beide zusammenfallen. Auf der unteren Seite
liegt die Potentiallinie, auf der oberen die Stromlinie.

Eine weitere Grundwasserströmung ist die *Durchsickerung eines Kanaldammes
über undurchlässiger Sohle* (s. Abb. 115, S. 126).

Es gibt hier drei wesentlich verschiedene Klassen des Hodograph, die ihr
hauptsächlichstes Merkmal in den unterschiedlichen Sohlengeschwindigkeiten
haben:

1. Summe der beiden Böschungswinkel $<90°$.
2.   „   „   „   „ $= 90°$.
3.   „   „   „   „ $> 90°$.

Es wäre interessant, diese Fragen durch genügend Untersuchungen so zu
lösen, daß eine lückenlose graphische Übersicht über die Verhältnisse gewonnen
werden könnte. Man könnte dadurch manchen Zweifel, der in neuester Zeit
im Schrifttum über dieses Problem bekanntgeworden ist, beseitigen.

In Abb. 116, S. 126 werden die Verhältnisse der *Zuströmung zu einem Polder-
gebiet über tiefliegender undurchlässiger Sohle* allgemein dargestellt. Die vorliegende Aufgabe wird durch 5 Parameter bestimmt.

Schlußbetrachtung. In Fällen, in denen die Grundwasserströmung selbst
nicht im einzelnen untersucht werden soll, leistet der Hodograph wertvolle
Dienste. Nach einem Satz der Funktionentheorie treten die Größtwerte einer
Funktion immer auf dem Rand auf. In unserem Fall interessieren die Größtwerte der Geschwindigkeiten, über die man sich durch Aufstellen des Hodographenrandes ein gutes Bild verschaffen kann. Wesentlich dafür ist aber, daß
die bekannten Ränder aus Geraden bestehen. Ist das nicht der Fall, so muß
durch Ersatz der gekrümmten Ränder mittels Polygonen eine Näherungsmöglich-
keit geschaffen werden. An den Polygonpunkten treten dann Größt- und Kleinst-
werte auf, die bei den gekrümmten Rändern nicht vorkommen.

III. Versuche.

A. Grundwasserströmungsversuche.

Zu Beginn der vorliegenden Arbeit wurde das DARCYsche Gesetz ohne Einschränkung den Untersuchungen zugrunde gelegt. Nach neueren Untersuchungen
wird dem DARCYschen Gesetz ein großer Gültigkeitsbereich für praktische Aufgaben zugewiesen. Dabei wird erwähnt, daß der lineare Zusammenhang, den
DARCY zwischen dem Standrohrspiegelgefälle und der Filtergeschwindigkeit feststellen konnte, nicht in aller Strenge besteht[1].

Diese Tatsache ist sehr wichtig für die Beurteilung der durchgeführten Versuche.

Der Schwerpunkt der Untersuchungen wurde auf die Ermittlung der Strömungsbilder gelegt und nicht auf die Feststellung der Durchflußgrößen. Diese

---

[1] DACHLER: Grundwasserströmung, S. 6.

Feststellung hängt von sehr schwierigen k-Wertbestimmungen[1] ab, die den Umfang der vorliegenden Arbeit überschreiten würden. Für ein und denselben Sand können zwei Grenzwerte für die Durchlässigkeit[2] gefunden werden:

a) bei loser Schüttung,
b) fest zusammengerüttelt.

Der zweite Wert kann unter Umständen nur die Hälfte des ersten betragen. Schwierig ist es, den Lagerungszustand in der Versuchsrinne richtig zu erfassen.

Die Versuche wurden in einer rd. 3 m langen, 0,75 m hohen und 0,25 m breiten Rinne durchgeführt. Auf der Vorderseite der Rinne war eine 1,20 m lange Spiegelglasscheibe angebracht[3].

Mittels Glasdüsen wurde an geeigneten Stellen unter leichtem Überdruck eine Farblösung in die Sickerströmung eingebracht. Die durch die Strömung mitgeführte Farbe gibt in ihrem Verlauf die ungefähre Form einer Stromlinie an. An Punkten mit geringer Geschwindigkeit hat die spezifisch schwerere Farblösung bei waagrechter Strömung die Möglichkeit, abzusinken. Dadurch entsteht der Eindruck, als ob die Stromlinien dort nach unten durchgebogen sind, was tatsächlich nicht der Fall ist.

Es sind also zwei Umstände da, die keine volle Übereinstimmung zwischen dem Versuchsbild und dem Rechnungsbild zulassen. Die Abweichungen vom DARCYschen Gesetz und die Unterschiede zwischen der spezifisch schwereren Farblösung und dem Wasser.

Hinzu kommt bei der freien Oberfläche der oft nicht unbeträchtliche Kapillarsaum, dessen Wasser vermutlich auch in langsamer Bewegung ist und das Ergebnis beeinflußt.

Es wurden für zwei Beispiele des Teiles II die Strömungsbilder untersucht.

1. Grundwasserstrom über eine lotrechte Wand, aus dem Unendlichen ins Unendliche.

(Beispiel 6, Teil II.)

Die Verhältnisse des Unendlichen konnten natürlich nicht dargestellt werden. In der Gegend der Überströmungsstelle an der lotrechten Wand ist aber der Einfluß der verhältnismäßig weit entfernten endlichen Berandung nicht übermäßig groß. Abweichungen werden aber entstehen. Die Versuche wurden in zwei Anordnungen durchgeführt.

a) In 1,50 m Entfernung links von der lotrechten Messingblechwand wird der Grundwasserträger durch ein lotrechtes Sieb vom Wasserspeisungsgraben, der gleichbleibenden Wasserspiegel hat, getrennt. Rechts von der lotrechten Wand wird der Grundwasserträger in einiger Entfernung ebenfalls durch ein lotrechtes Sieb abgeschlossen. Dort wird der Wasserspiegel tiefstmöglich abgesenkt.

Diese Berandung könnte im Hodograph nach langwierigen Berechnungen natürlich auch erfaßt werden.

---

[1] DACHLER: Grundwasserströmung, S. 15.
[2] Z. öst. Ing.- u. Archit.-Ver. 1928 H. 9/10.
[3] Z. öst. Ing.- u. Archit.-Ver. 1928 H. 9/10 (Methodik der Versuchsdurchführung).

Abb. 41 zeigt die etwaige Form der Stromlinien. Als Grundwasserträger diente Rheinsand (Huttenheim) von 0,5—3,0 mm Durchmesser. Der Sand wurde vor dem Versuch mehrmals gewaschen.

Das zum Versuch benutzte Wasser wurde abgekocht. Am Übereich und den Rückläufen wurde ein freies Einlaufen des Wassers vermieden. Diese Maßnahmen dienten dazu, das Wasser von der gelösten Luft zu befreien bzw. Luftaufnahme zu verhindern. Die Luft schlägt sich sonst während des Versuchs in den Poren nieder und verändert die Durchlässigkeit des Sandes.

Die freie Oberfläche wurde mittels in den Sand eingesteckter Drahtnetz-

Abb. 41. Grundwasserströmung über eine lotrechte Wand.

röhrchen eingemessen. Über dem sich darin eingestellten Wasserspiegel befand sich ein rd. 3 cm starker Kapillarsaum.

Der Versuch dauerte 6 Stunden, um gleichbleibende Verhältnisse zu bekommen. Während dieser Zeit werden alle Temperaturen auf gleicher Höhe gehalten. In Abb. 117, S. 127 ist die freie Oberfläche eingetragen, wie sie der Versuch ergab. Die Überströmungshöhe über der Wand betrug 4,97 cm.

Aus Aufgabe 6 entnehmen wir, daß diese Höhe

$$a = 0{,}923\, q/k$$

beträgt. Die Gleichung der freien Oberfläche lautet:

$$x = \frac{2q}{\pi k}\, e^{\frac{\pi k}{2q}} - \frac{q}{k}\,.$$

Mit dem gemessenen Wert ist

$$q/k = 1{,}083 \cdot 4{,}97 = 5{,}38 \text{ cm}.$$

Damit kann man die Form der freien Oberfläche rechnen.

Ergebnisse $\left(h = \text{Höhe der Punkte über lotrechter Wand.}\ h = y + \dfrac{2q}{\pi k}\right)$. Werte in cm.

x	h		
	Versuch	Rechnung (5,38)	Rechnung (4,60)
0	4,97	4,97	4,25
15	10,12	8,61	9,12
30	11,60	10,23	11,19
45	12,56	11,26	12,46
60	13,42	12,03	13,38

Die errechneten Punkte liegen tiefer als die durch den Versuch ermittelten. Dies läßt sich daraus erklären, daß in der Gegend der Überströmungsstelle das DARCYsche Gesetz nicht mehr gilt und an seine Stelle ein Potenzgesetz der Form $v = kJ^\alpha$ tritt[1].

EHRENBERGER gibt $v \leqq 0,3$ cm/sec bei einem Korngemisch mit $d_{max} = 3,0$ mm als Gültigkeitsbereich für das DARCYsche Gesetz an. Es ist zu berücksichtigen, daß der Durchlässigkeitsbeiwert meist durch einen solchen Versuch ermittelt wird, wo v über dieser Grenze liegt. Im vorliegenden Versuch wurde k in zusammengerütteltem Zustand zu 0,7 cm/sec ermittelt. Die Geschwindigkeiten an der Überströmungsstelle liegen also weit über dem Grenzpunkt der Gültigkeit des DARCYschen Gesetzes.

DACHLER gibt an Stelle des DARCYschen Gesetzes für grobporiges Material die Potenzformel

$$v = \alpha J^\beta.$$

Die Beiwerte sind, wie sich aus einem angegebenen Schaubild ergibt, so gestaltet, daß sich im Bereich der größeren Geschwindigkeiten bei gleichem J nach dem Potenzgesetz eine geringere Geschwindigkeit ergibt als nach dem DARCYschen Gesetz.

Da das Potenzgesetz für den vorliegenden Versuch an der Überströmungsstelle in Betracht kommt, ergibt sich folgende Feststellung: Wird die Überströmungshöhe a nach dem Versuch zu 4,97 cm ermittelt und gilt dabei ein Potenzgesetz, dann ist die Wassermenge, die durchfließt, geringer, als sie bei gleichen geometrischen Verhältnissen das DARCYsche Gesetz ergeben würde. Wird nun eine Gleichung zur Berechnung verwendet, die das DARCYsche Gesetz als Grundlage hat, dann ist bei $a = 4,97$ cm und gleichem k (d. h. wenn $k = \alpha$ ist)

$$q_{\text{Darcy}} = 1,083 \cdot 4,97\ k.$$

Das tatsächlich durchfließende q ist kleiner. Damit wird das Verhältnis q/k rechnungsmäßig größer, als es sein darf, wenn an Stellen, wo das DARCYsche Gesetz gilt (flacher Teil der freien Oberfläche), Rechnung und Versuch übereinstimmen sollen.

Deshalb wurde für ein kleineres $q/k = 4,6$ cm die freie Oberfläche überprüft (s. Tabelle S. 91). An dem flachen Teil ist die Übereinstimmung besser als mit $q/k = 5,38$ m.

---

[1] Siehe EHRENBERGER: Z. öst. Ing.- u. Archit.-Ver. 1928 H. 9/10.

b) Um die Berandung etwas mehr den Verhältnissen anzugleichen, die dem theoretischen Fall der Strömung aus dem Unendlichen entsprechen, wurde ein kreisförmig gebogenes Drahtsieb als Behälter für den Grundwasserträger vorgesehen. An das Sieb grenzt das praktisch in Ruhe befindliche Wasserbecken an. Die Form des Siebes entspricht etwa der an dieser Stelle vorhandenen Potentiallinie der Grundwasserströmung.

Die Stromlinien wurden an einzelnen Stellen sichtbar gemacht, und zwar der Reihe nach. Wegen der erforderlichen Sichtbarkeit wurde die Farbkonzentra-

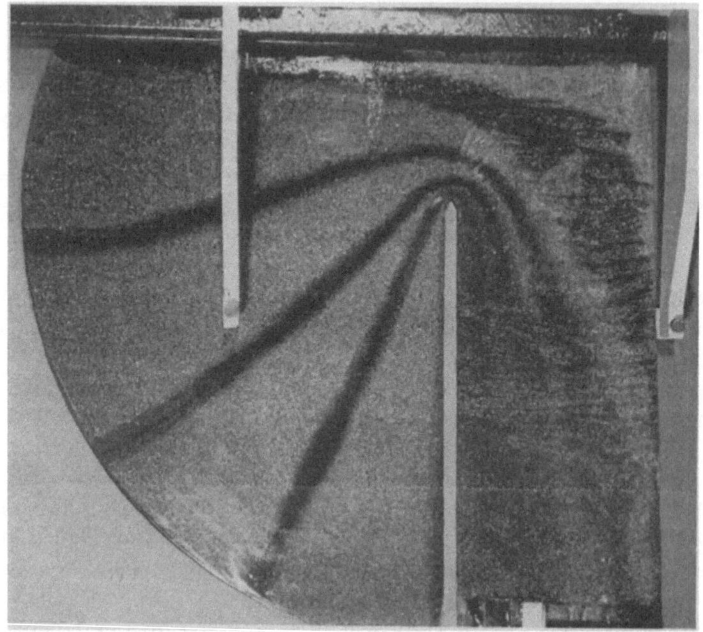

Abb. 42. Grundwasserströmung über eine lotrechte Wand. (Anpassung an die Verhältnisse der Strömung aus dem Unendlichen ins Unendliche.)

tion sehr stark gewählt. Dadurch wirkt sich das größere spezifische Gewicht sehr ungünstig aus, indem die gefärbten Linien an einigen Stellen nach unten durchgebogen sind (s. Abb. 42 u. 43).

Der verwendete Grundwasserträger war sorgfältig gewaschener Sand zwischen 0,5 bis 2,0 mm Durchmesser (Rheinsand, Huttenheim). Die gefärbte freie Oberfläche war durch den Kapillarsaum (stellenweise bis 12 cm) ungünstig beeinflußt. Die Unterkante Kapillarsaum lag beim Färbungsversuch um $a = 10{,}5$ cm über der Oberkante der lotrechten Wand. Die Durchlässigkeit des Sandes wurde in einem Versuch mit 12 zeitlich weit auseinanderliegenden Abständen in einem Meßgerät zur Bestimmung des k-Wertes nach TERZAGHI im Mittel zu $k = 0{,}26$ cm/sec bei 20° C ermittelt. Der Wasserdurchfluß wurde beim Färbungsversuch in der 25 cm breiten Rinne zu rd. 81 cm³/sec im Mittel gemessen ($t = 20°$).

Es ist rechnungsmäßig $q = 1{,}083 \cdot 10{,}5 \cdot 0{,}26 \cdot 25 = 73{,}8$ cm³/sec.

Es wurde dabei angestrebt, die Lagerung bei beiden Versuchen durch gleichen Einfüllungsvorgang ähnlich zu machen. Ob die Übereinstimmung tatsächlich vorhanden war, konnte nicht beurteilt werden. Bei der Gegenüberstellung zwischen freier Oberfläche nach Rechnung und Versuch gilt das gleiche wie bei Versuch a.

Für einen weiteren Versuch wurden einige Punkte der freien Oberfläche in Drahtnetzröhrchen eingemessen. Dabei war die Überströmungshöhe $a = 3{,}77$ cm. Hieraus erhält man:

$$q/k = 1{,}083 \cdot 3{,}77 = 4{,}09 \text{ cm.}$$

Wird der eingemessene Punkt mit $x = 51{,}5$ cm und Höhe über lotrechter Wand

Abb. 43. Grundwasserströmung über eine lotrechte Wand. (Anpassung an die Verhältnisse der Strömung aus dem Unendlichen ins Unendliche.) Teilweise Sichtbarmachung der Stromlinien.

$h = 18{,}2$ cm in die Gleichung der freien Oberfläche:

$$x = \frac{2q}{\pi k} e^{\frac{\pi k}{2q}} - \frac{q}{k}$$

eingeführt, so ergibt sich q/k zu $3{,}20$ cm.

Ergebnisse $\left(h = \text{Höhe der Punkte über lotrechter Wand. } h = y + \dfrac{2q}{\pi k} \right)$. Werte in cm.

x	h		
	Versuch	Rechnung (4,09)	Rechnung (3,20)
0	3,77	3,77	2,95
15	12,08	10,22	12,79
50	15,46	12,84	15,72
31,5	18,26	14,36	18,20

Das Ergebnis zeigt uns wieder, daß es zweckmäßiger ist, irgendeinen Punkt der eingemessenen freien Oberfläche an ihrer flacheren Stelle mit den Koordinaten in die Gleichung einzuführen, um dann annehmbare Übereinstimmung zwischen Rechnung und Natur zu erhalten, als die Überströmungshöhe zugrunde zu legen (s. Abb. 118, S. 127).

Nach Durchführung genügender Versuche könnte man vielleicht zu dem allgemeinen Ergebnis kommen, geometrische Größen in der Gegend großer Geschwindigkeiten nicht mit ihrem vollen Wert in die auf dem DARCYSCHEN Gesetz beruhenden Gleichungen einzuführen, um die Form der freien Oberfläche oder k oder q zu ermitteln. Dies würde auch dem Potenzgesetz $= \alpha J^{\beta}$ entsprechen, wenn das Gesetz dem in DACHLERS „Grundwasserströmung" S. 14 gegebenen Schaubild ähnlich wäre.

2. Grundwasserströmung zu einem Graben mit lotrechten Böschungen und Wasserstand, tiefliegende undurchlässige Sohle und Speisungsgraben in endlicher Entfernung.

Dieser Fall entspricht dem in Teil II, 10 erwähnten Beispiel.

Das Grundsätzliche dieses Versuches sollte sich darauf beschränken, zu zeigen,

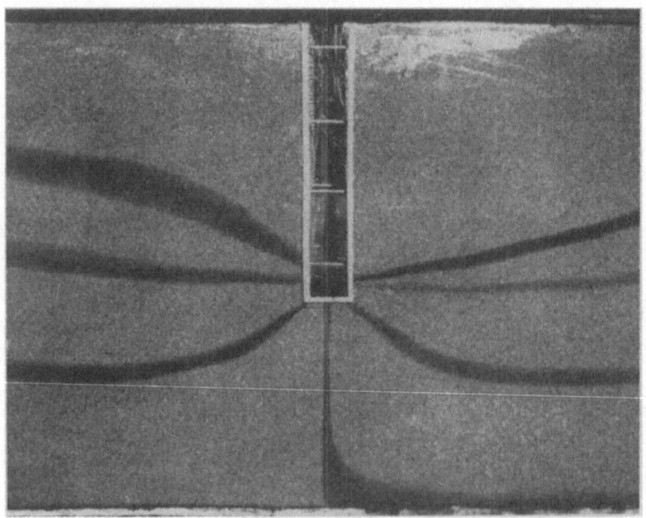

Abb. 44. Zuströmung zu einem Graben bei tiefliegender undurchlässiger Sohle.

daß äußerlich symmetrisch angeordnete Versuche sich tatsächlich in der Strömung symmetrisch verhalten.

In den Grundwasserträger war ein rechteckiger Graben aus Drahtnetz eingelassen. Rechts und links war am Ende der Versuchsrinne je ein Wasserspeisungsgraben angelegt, vom Sand durch eine Drahtnetzwand abgetrennt.

Im Graben wurde das Wasser durch einen Heber auf gleichbleibender Höhe gehalten, ebenso in den Wasserspeisungsgräben. An nichtsymmetrischen Punkten wird, nach dem erwähnten Verfahren, Farblösung eingebracht.

Als wesentliches Ergebnis wird festgehalten, daß der an der Sohle von rechts her entlang wandernde Farbfaden in der Achse des Grabens lotrecht emporsteigt (s. Abb. 44).

B. Versuche mit dem elektrischen Gleichstromverfahren.

Versuchstechnik siehe WITTMANN-BÖSS: Wasser- und Geschiebebewegung in gekrümmten Flußstrecken, S. 32ff. Springer 1938.

Unmittelbar lassen sich diese Versuche nicht anstellen, da die eine Randstromlinie, die freie Oberfläche, nicht bekannt ist. Man könnte allerdings die freie Oberfläche annehmen, mit deren Verfahren das Stromliniennetz bestimmen (bei Vorhandensein einer Sickerstrecke Verfahren unmöglich). Daraus bestimmt man das Isotachen-Isoklinen-Netz und prüft nach, ob die Bedingung $v = k \sin \alpha$ für die Isotachen- und Isoklinenwerte auf der freien Oberfläche erfüllt ist. Andernfalls sind Verbesserungen erforderlich. Das Verfahren ist sehr umständlich.

Abb. 45. Ermittlung der Stromlinien im Hodograph mit dem elektrischen Gleichstromverfahren. (Beispiel II, 7.)

Besser ist es, die Erkenntnisse des Teils I zu verwerten und die symbolische Strömung im Hodograph zu untersuchen. Das geht aber auch nur an, wenn keine Sickerstrecke vorkommt.

Man legt an den Halbkreis den einen Pol und an die andere Randstromlinie den anderen Pol einer Akkumulatorenbatterie und untersucht auf dem möglichst großen Neusilberblech die Linien mit gewähltem gleichbleibendem Potentialunterschied. Im vorliegenden Fall sind diese Linien mit gleichbleibendem elektrischem Potentialunterschied die Stromlinien von gleichem Wertunterschied in der Hodographenströmung. Je größer das Neusilberblech ist an den Stellen, wo der Hodograph sich ins Unendliche erstreckt, desto ähnlicher werden die Stromlinien dem theoretischen Fall. Das Ergebnis muß in die Grundwasserströmungsebene mittels Integration transformiert werden (s. Abb. 45). Tritt in der Aufgabe eine Sickerstrecke auf, dann wird dieses Verfahren nur für eine Näherungslösung gültig. Denn die Randbedingung der Sickerstrecke kann mit der elektrischen Methode nicht erfaßt werden. Näherungsweise kann man das Feld über die Sickerstrecke hinaus fortsetzen, wenn man an den Halbkreis im unteren Punkt berührend einen Viertelkreis als Pol gleichen Wertes anschließt und durch dessen unteren Punkt das Neusilberblech parallel zur Sickerstrecke

Abb. 46. Ermittlung der Stromlinien im Hodograph mit dem elektrischen Gleichstromverfahren.
(Beispiel II, 2.)

abschneidet. In der Gegend des unteren Halbkreispunktes wirkt sich diese Berandung so aus, daß auf der Sickerstrecke die Stromlinien ihrer theoretischen Lage nahekommen. Die so ermittelten Stromlinien sollten aber nur dazu dienen, eine Erleichterung für den Entwurf des Isotachen-Isoklinen-Feldes, insbesondere bei einer verwickelten Hodographenberandung, darzustellen. Günstig wirkt es sich bei diesem Verfahren aus, wenn alle Ausmaße möglichst groß gewählt werden (s. Abb. 46).

Bildanhang

mit den Abb. 47 bis 118.

Tabelle der e^{ν}-Werte
zur Auswertung der Isoklinen-Isotachen-Netze.

Lfde. Nr.	ν^0	e^{ν}	$e^{-\nu}$	Lfde. Nr.	ν^0	e^{ν}	$e^{-\nu}$
1	0	1	1	21	100	5,728	0,175
2	5	1,091	0,916	22	105	6,250	0,160
3	10	1,191	0,839	23	110	6,821	0,147
4	15	1,299	0,769	24	115	7,441	0,134
5	20	1,417	0,705	25	120	8,120	0,123
6	25	1,547	0,646	26	125	8,862	0,113
7	30	1,688	0,592	27	130	9,670	0,103
8	35	1,842	0,542	28	135	10,551	0,095
9	40	2,009	0,497	29	140	11,513	0,087
10	45	2,193	0,456	30	145	12,566	0,080
11	50	2,394	0,418	31	150	13,708	0,073
12	55	2,611	0,383	32	155	14,958	0,067
13	60	2,849	0,351	33	160	16,321	0,061
14	65	3,110	0,322	34	165	17,814	0,056
15	70	3,394	0,295	35	170	19,433	0,051
16	75	3,702	0,270	36	175	21,221	0,047
17	80	4,040	0,248	37	180	23,141	0,043
18	85	4,408	0,227	38	185	25,257	0,040
19	90	4,810	0,208	39	190	27,555	0,036
20	95	5,249	0,190	40	195	30,066	0,033

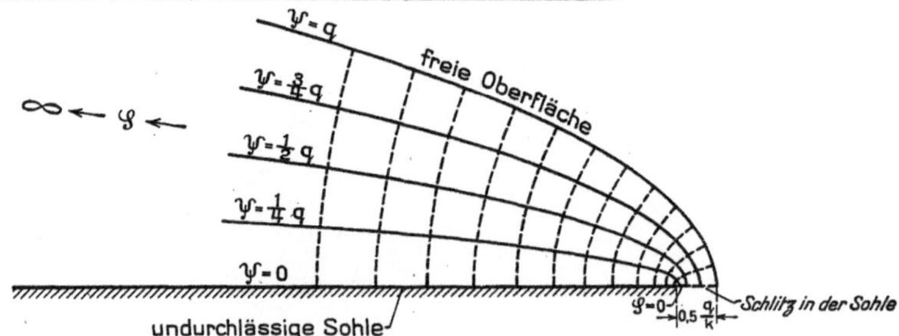

Abb. 47. Strom- und Potentiallinien der Grundwasserströmung.

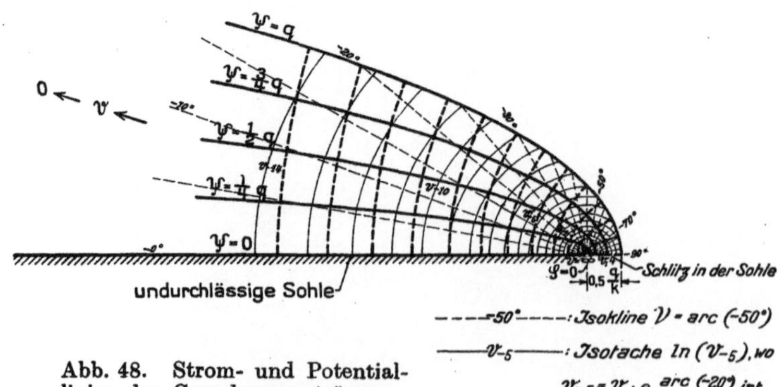

Abb. 48. Strom- und Potentiallinien der Grundwasserströmung.
Isotachen und Isoklinen der Grundwasserströmung.

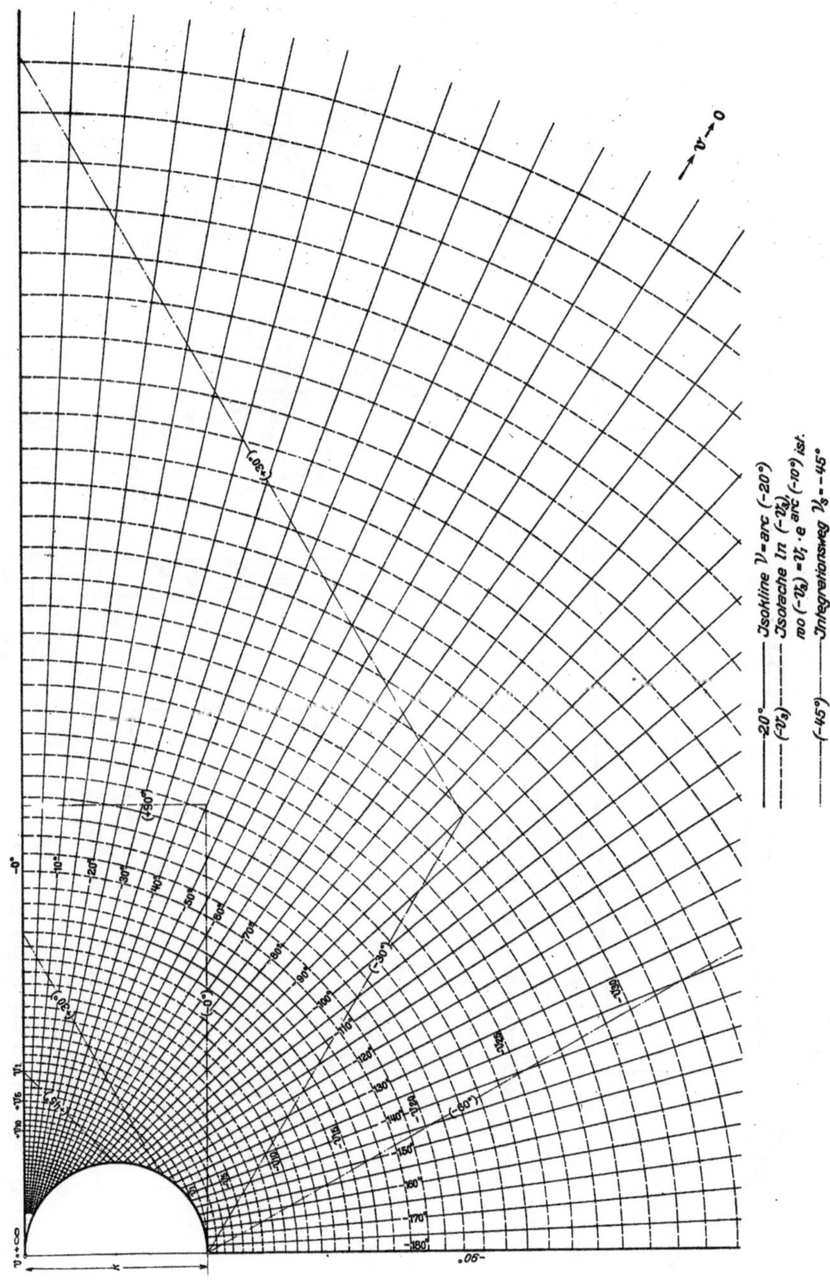

Abb. 49. Isoklinen und Isotachen der Bildströmung im Hodograph.
Netzabstand = arc 5⁰

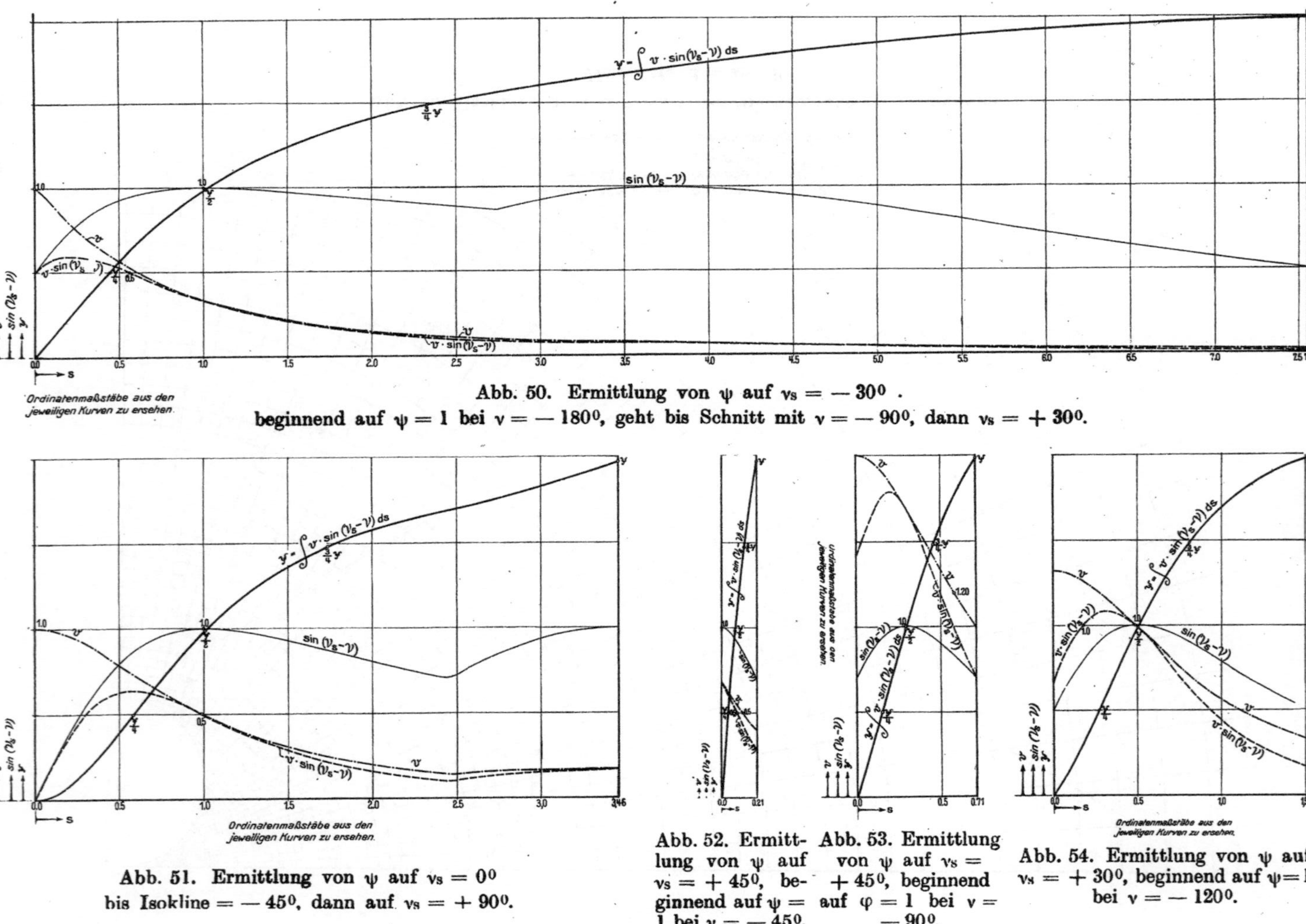

Abb. 50. Ermittlung von ψ auf $v_s = -30^0$. beginnend auf $\psi = 1$ bei $\nu = -180^0$, geht bis Schnitt mit $\nu = -90^0$, dann $v_s = +30^0$.

Abb. 51. Ermittlung von ψ auf $v_s = 0^0$ bis Isokline $= -45^0$, dann auf $v_s = +90^0$.

Abb. 52. Ermittlung von ψ auf $v_s = +45^0$, beginnend auf $\psi = 1$ bei $\nu = -45^0$.

Abb. 53. Ermittlung von ψ auf $v_s = +45^0$, beginnend auf $\varphi = 1$ bei $\nu = -90^0$.

Abb. 54. Ermittlung von ψ auf $v_s = +30^0$, beginnend auf $\psi = 1$ bei $\nu = -120^0$.

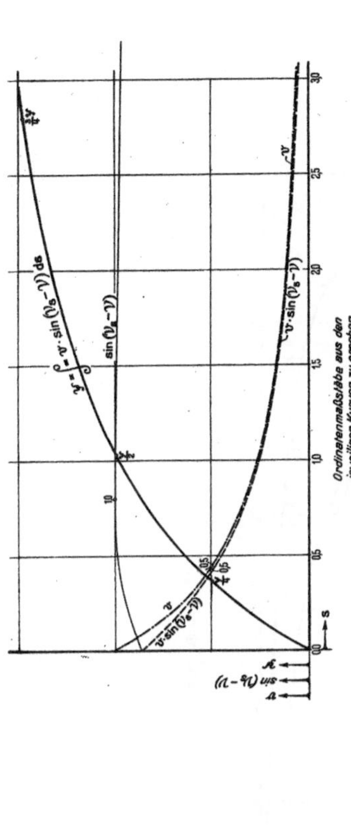

Abb. 56. Ermittlung von ψ auf $v_s = -60^\circ$, beginnend auf $\psi = 1$ bei $\nu = -180^\circ$.

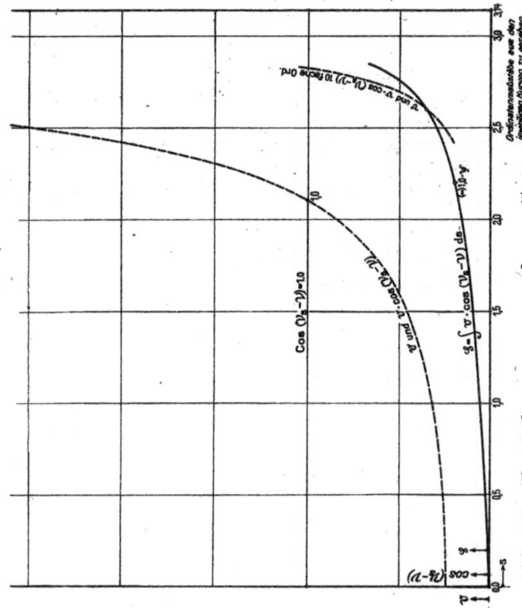

Abb. 58. Ermittlung von φ auf $\psi = {}^1/_2$.

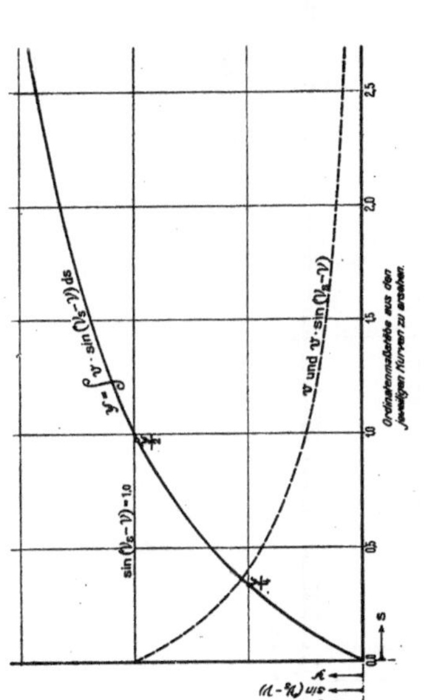

Abb. 55. Ermittlung von ψ auf $v_s = -90^\circ$.

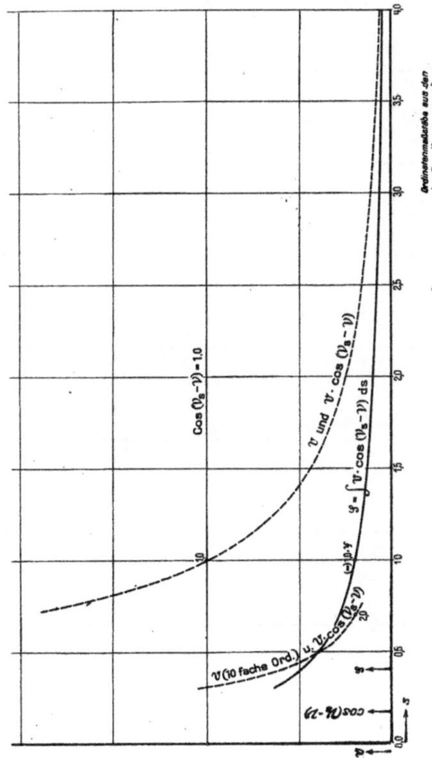

Abb. 57. Ermittlung von φ auf $\psi = 0$.

Abb. 59.

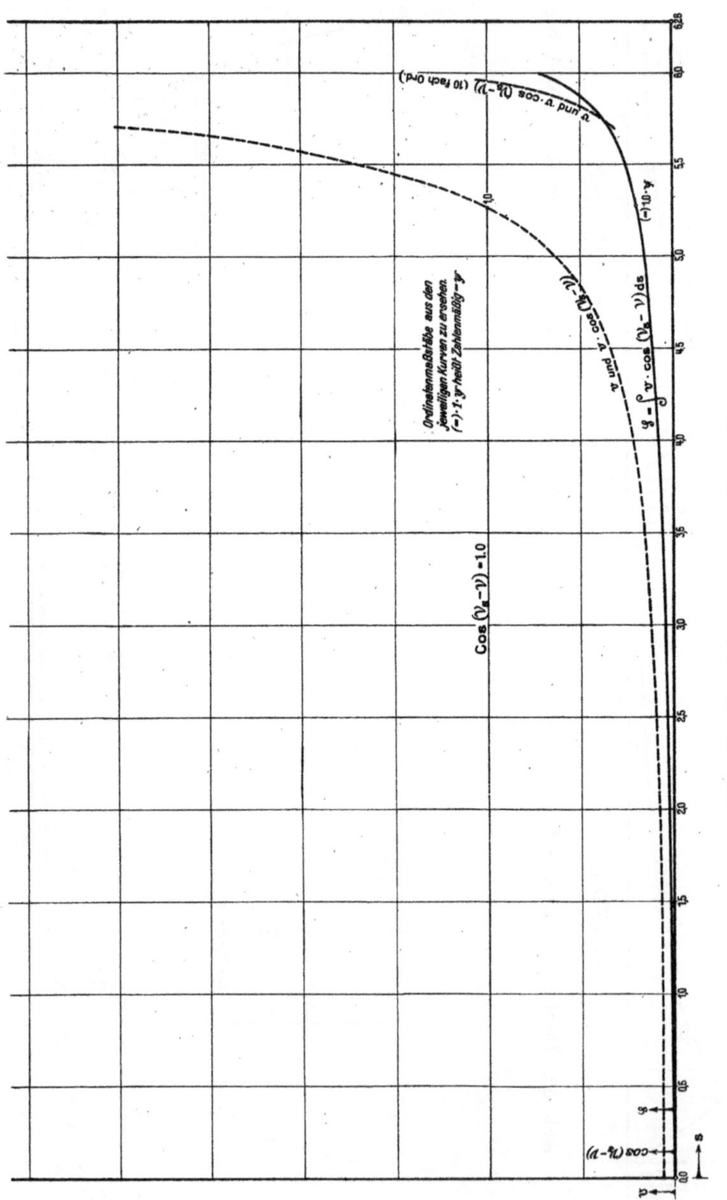

Abb. 59. Ermittlung von φ auf $\psi = {}^1/_4$.

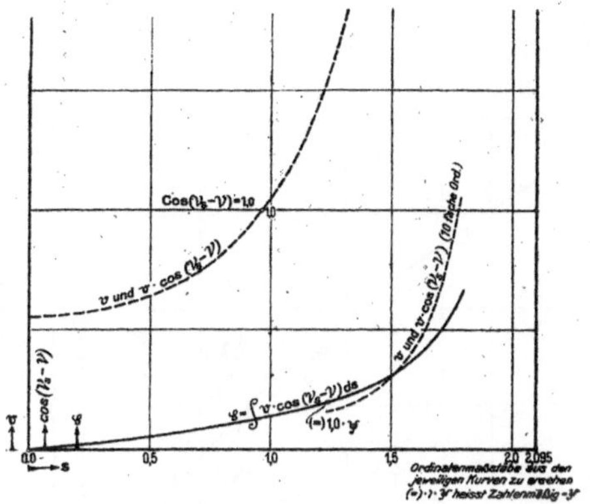

Abb. 60. Ermittlung von φ auf $\psi = {}^3/_4$.

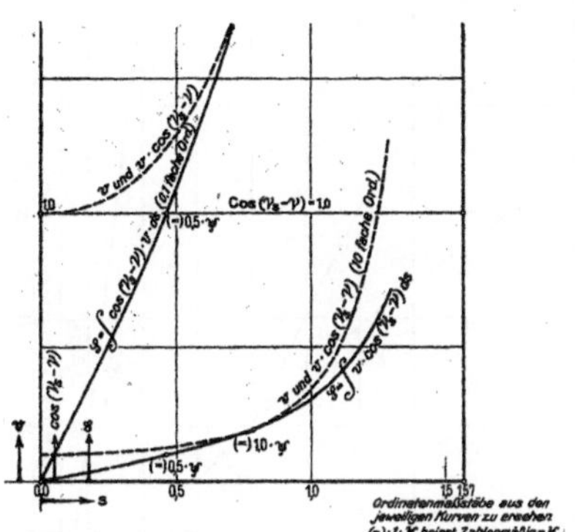

Abb. 61. Ermittlung von φ auf $\psi = 1$.

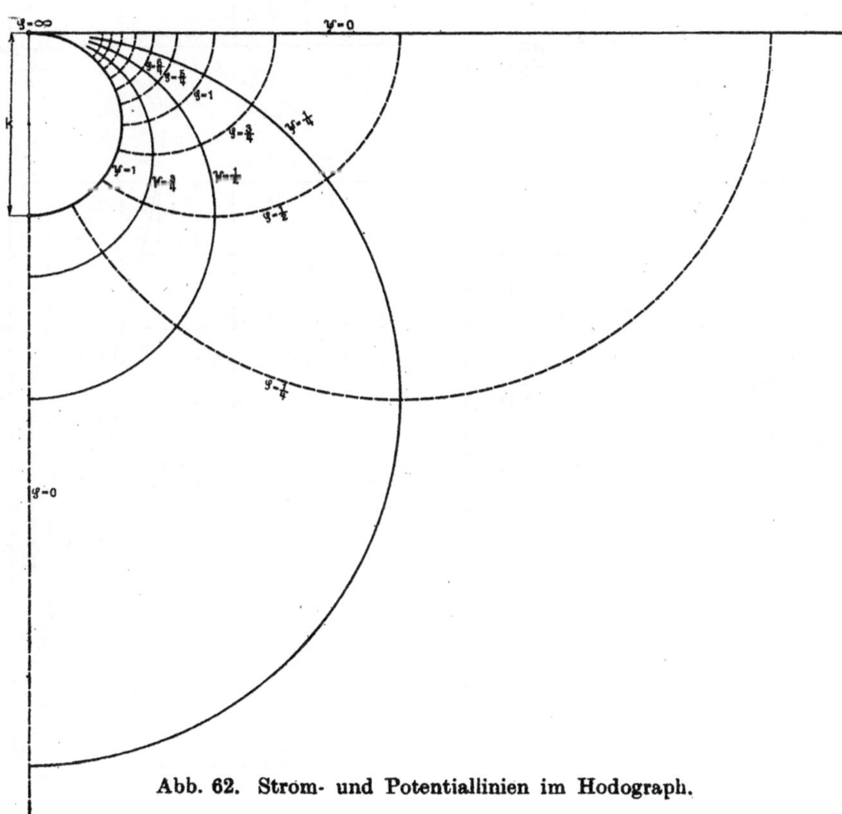

Abb. 62. Strom- und Potentiallinien im Hodograph.

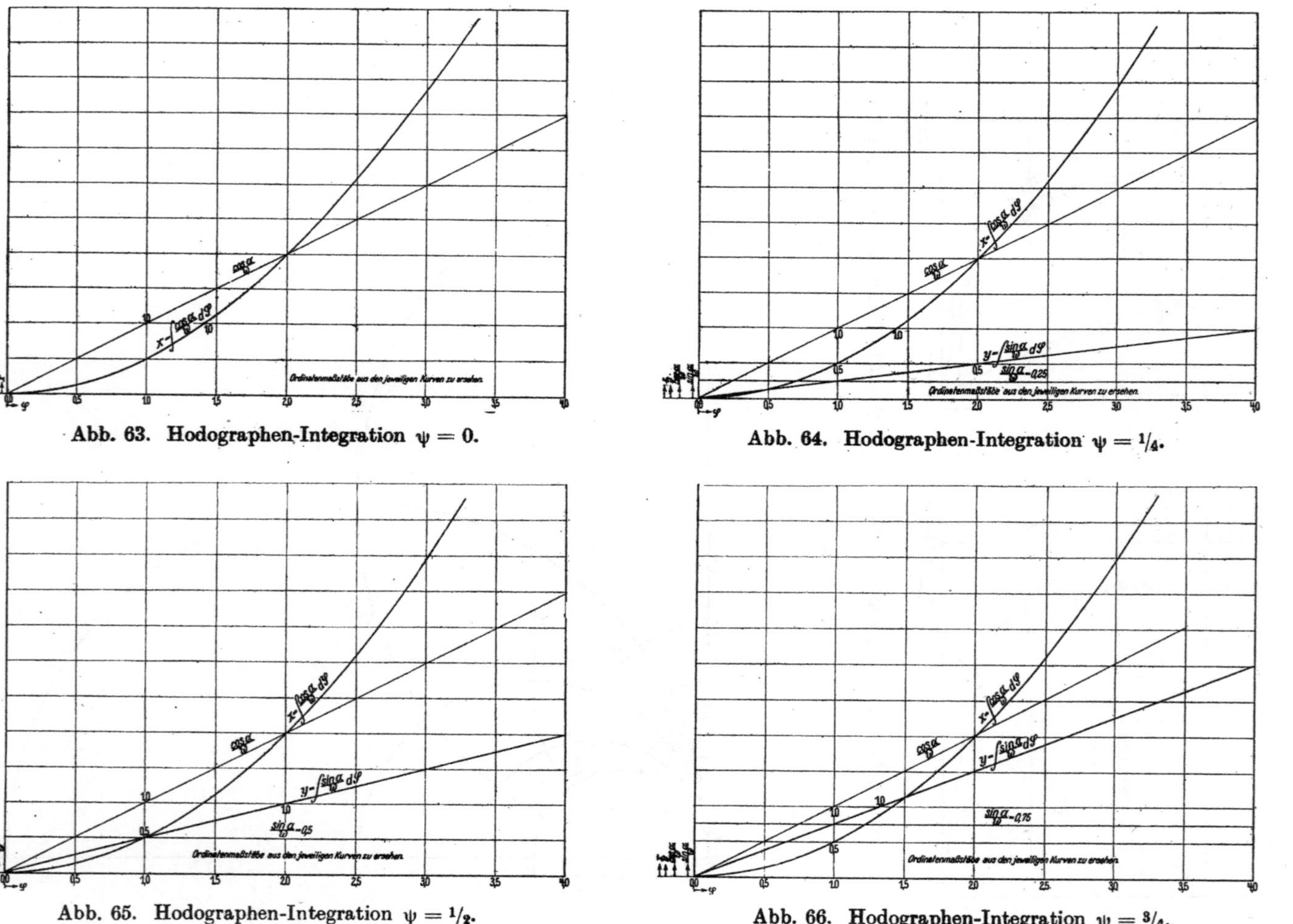

Abb. 63. Hodographen-Integration $\psi = 0$.

Abb. 64. Hodographen-Integration $\psi = {}^{1}/_{4}$.

Abb. 65. Hodographen-Integration $\psi = {}^{1}/_{2}$.

Abb. 66. Hodographen-Integration $\psi = {}^{3}/_{4}$.

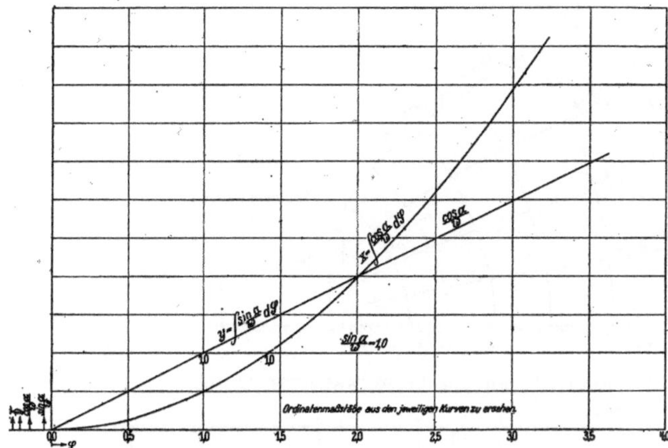

Abb. 67. Hodographen-Integration $\psi = 1,0$.

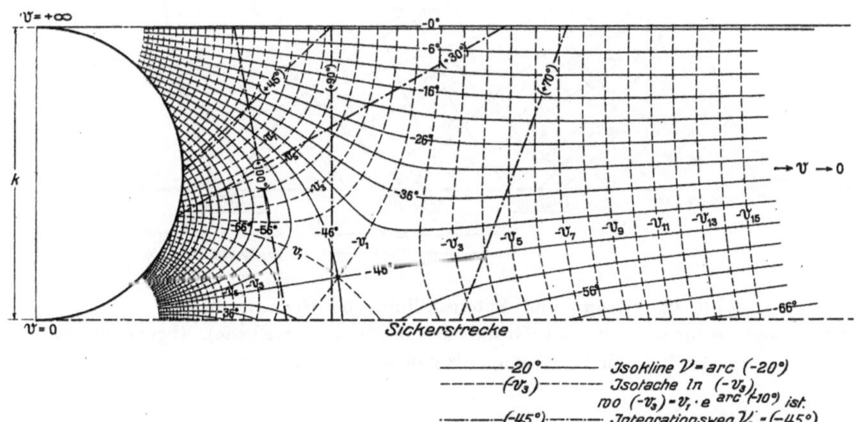

Abb. 68. Ermittlung der
Streckenlänge von $\varphi = 0$
im Grundwasser-
Strömungsbild.

Abb. 69. Isoklinen und Isotachen der Bildströmung im Hodograph.
Netzabstand = arc 5^0.

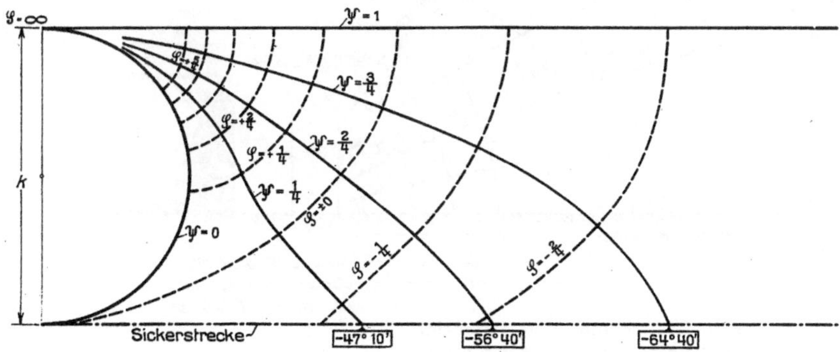

Abb. 70. Strom- und Potentiallinien im Hodograph.

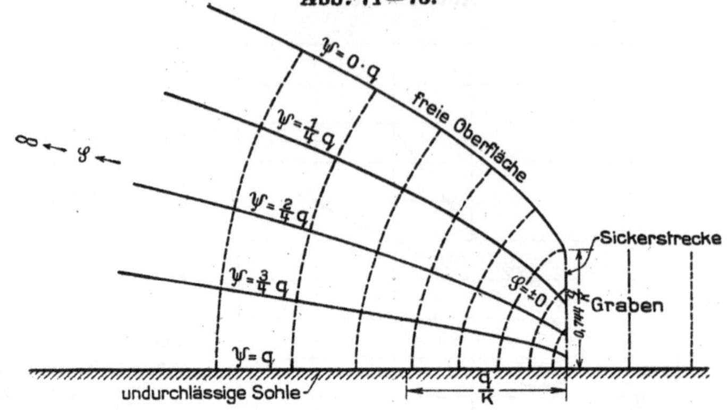

Abb. 71. Strom- und Potentiallinien der Grundwasserströmung.

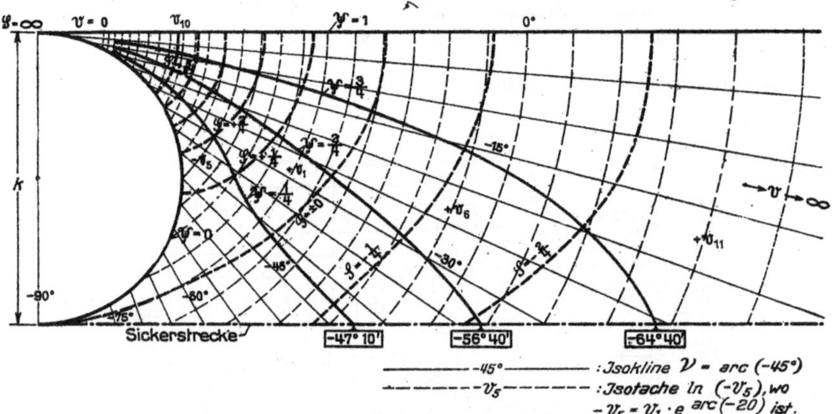

Abb. 72. Strom- und Potentiallinien im Hodograph.
Isoklinen- und Isotachen-Netz der Grundwasserströmung (z-Ebene), abgebildet im
Hodograph (w-Ebene). Netzabstand = arc 5⁰.

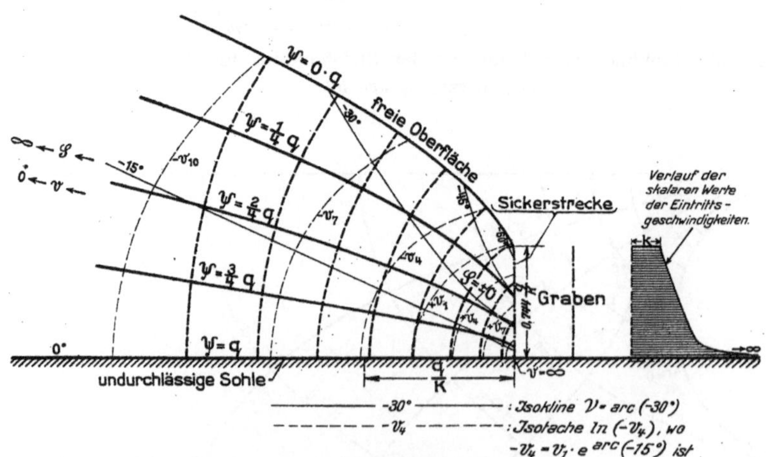

Abb. 73. Strom- und Potentiallinien der Grundwasserströmung.
Isoklinen und Isotachen der Grundwasserströmung. Netzabstand = arc 15⁰.

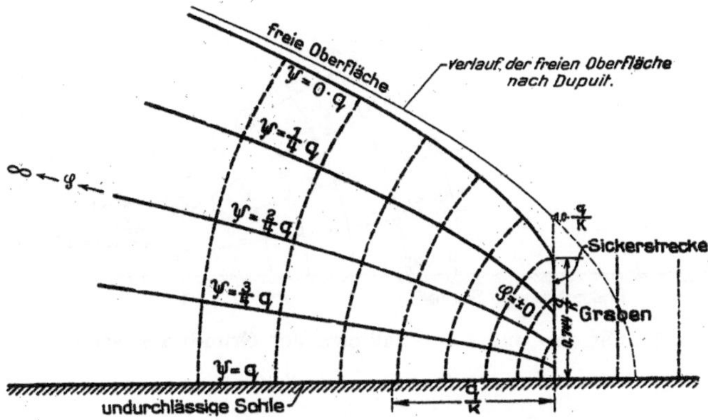

Abb. 74. Strom- und Potentiallinien der Grundwasserströmung.

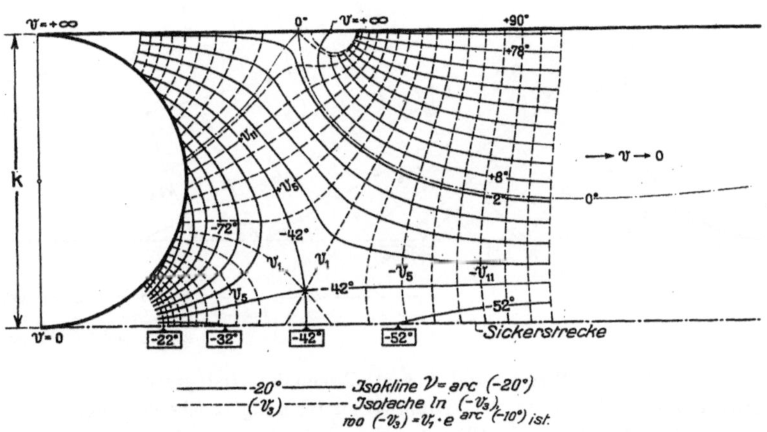

Abb. 75. Isoklinen und Isotachen der Bildströmung im Hodograph.
Netzabstand = arc 10°.

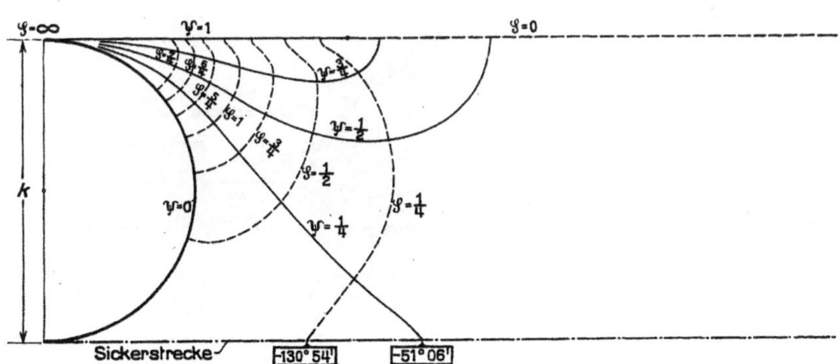

Abb. 76. Strom- und Potentiallinien im Hodograph.

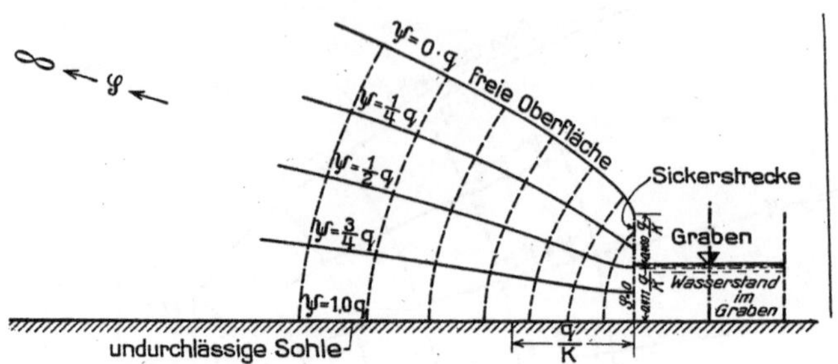

Abb. 77. Strom- und Potentiallinien der Grundwasserströmung.

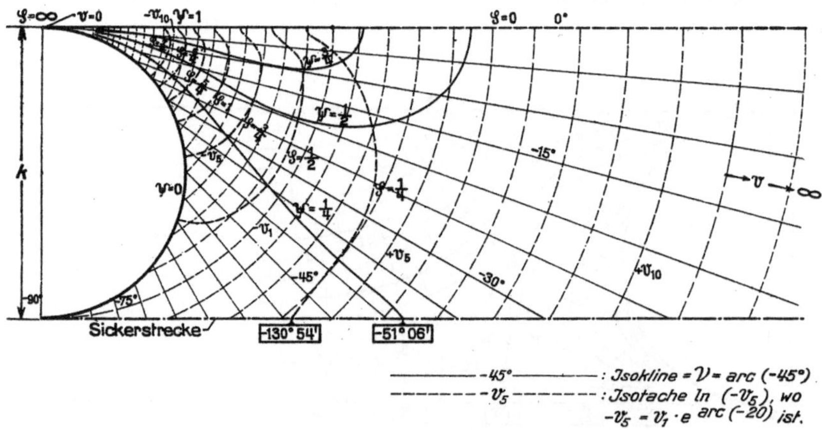

Abb. 78. Strom- und Potentiallinien im Hodograph.
Isoklinen- und Isotachen-Netz der Grundwasserströmung (z-Ebene), abgebildet im
Hodograph (w-Ebene). Netzabstand = arc 5⁰.

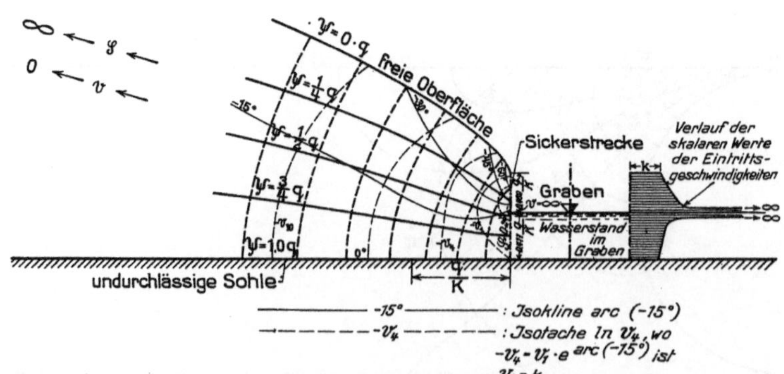

Abb. 79. Strom- und Potentiallinien der Grundwasserströmung.
Isotachen und Isoklinen der Grundwasserströmung. Netzabstand = arc 15⁰.

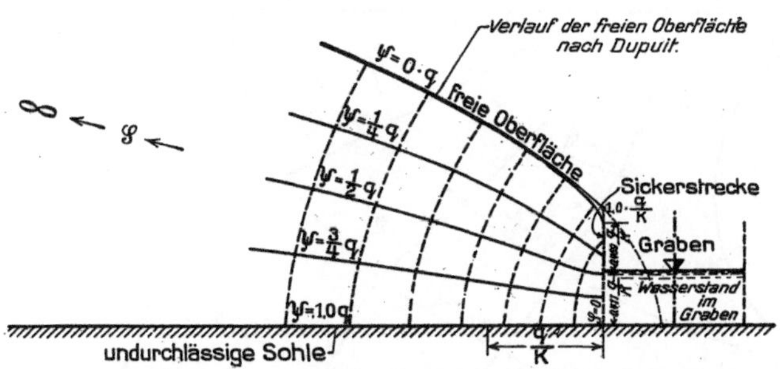

Abb. 80. Strom- und Potentiallinien der Grundwasserströmung.

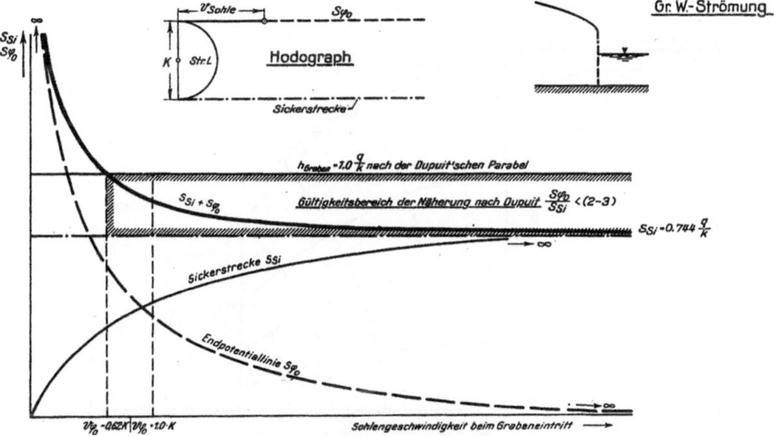

Abb. 81. Darstellung der etwaigen Längen von Sickerstrecke und Endpotentiallinie
bei Zuströmung aus dem Unendlichen zu einem lotrechten Graben über undurchlässiger Sohle.

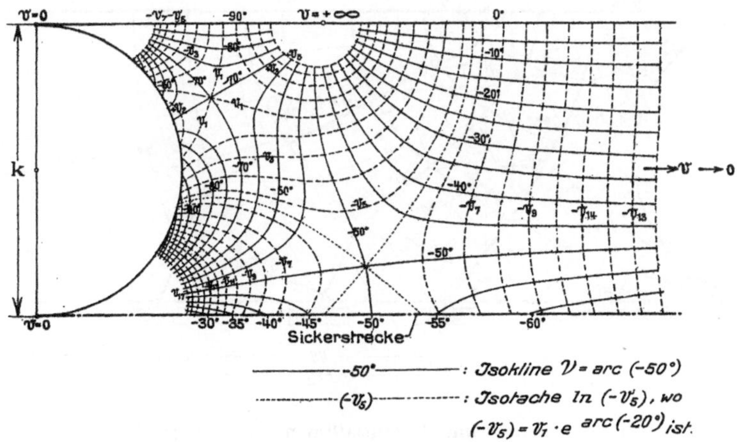

Abb. 82. Isoklinen und Isotachen der Bildströmung im Hodograph.
Netzabstand = arc 5°.

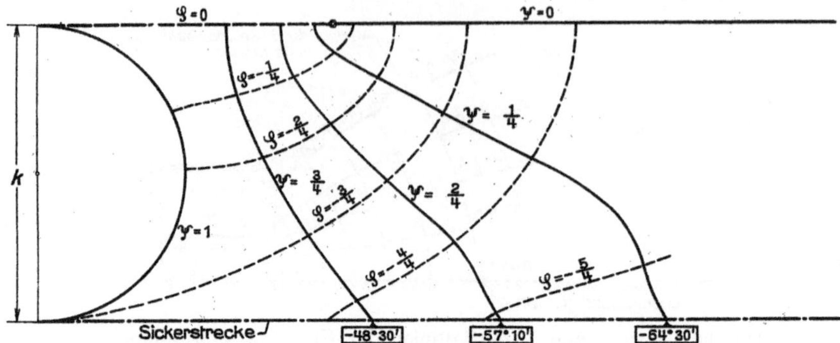

Abb. 83. Strom- und Potentiallinien im Hodograph.

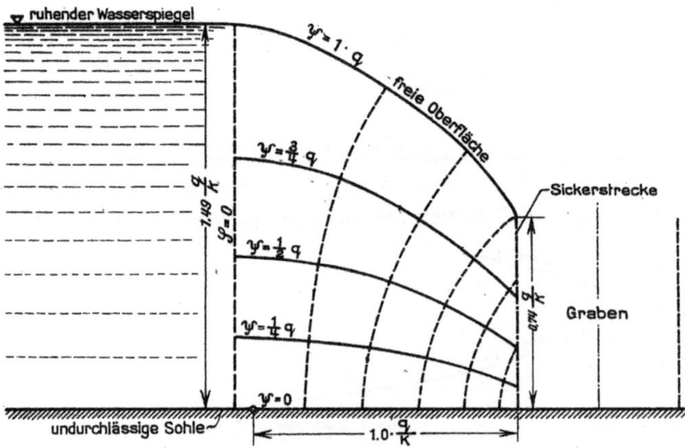

Abb. 84. Strom- und Potentiallinien der Grundwasserströmung.

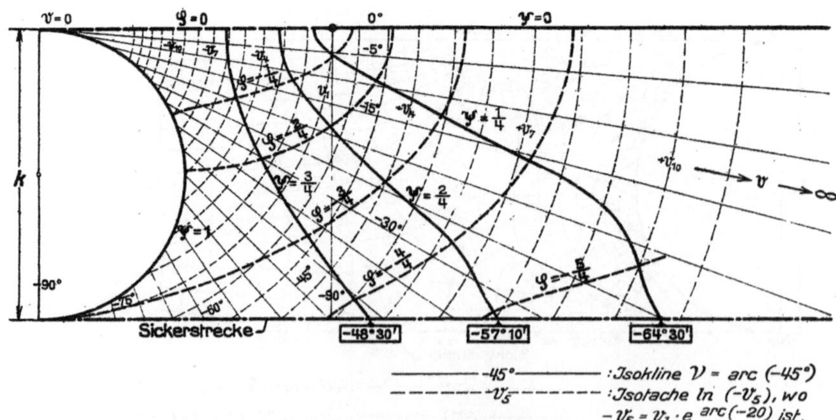

Abb. 85. Strom- und Potentiallinien im Hodograph.
Isoklinen- und Isotachen-Netz der Grundwasserströmung (z-Ebene)
abgebildet im Hodograph (w-Ebene). Netzabstand = arc 5°.

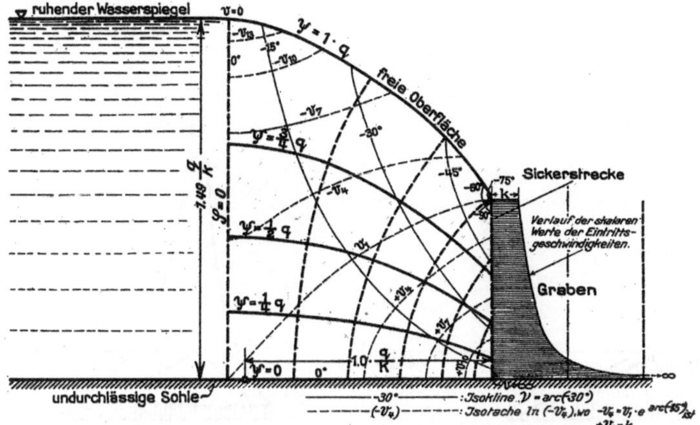

Abb. 86. Strom- und Potentiallinien der Grundwasserströmung.
Isoklinen und Isotachen der Grundwasserströmung.   Netzabstand = arc 15⁰.

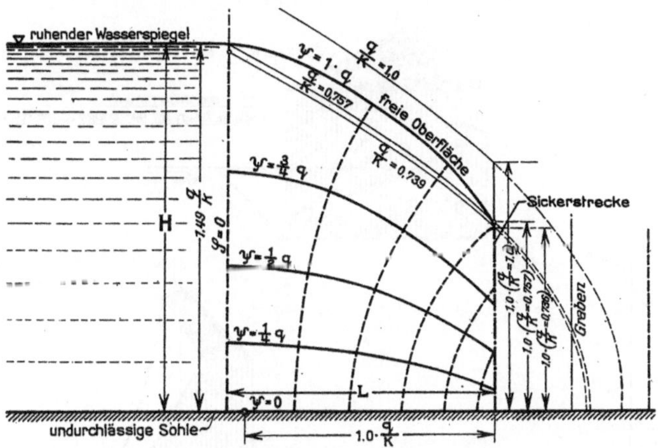

Abb. 87. Strom- und Potentiallinien der Grundwasserströmung.
Vergleich der freien Oberfläche mit der Dupuit'schen Parabel.

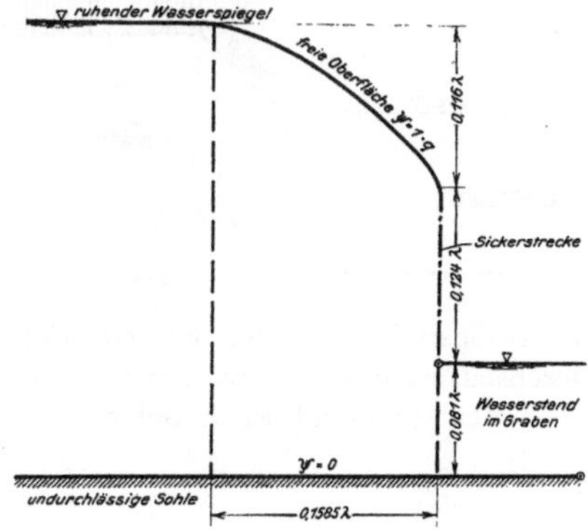

Abb. 88. Grundwasserströmung durch einen Damm mit lotrechten Böschungen.

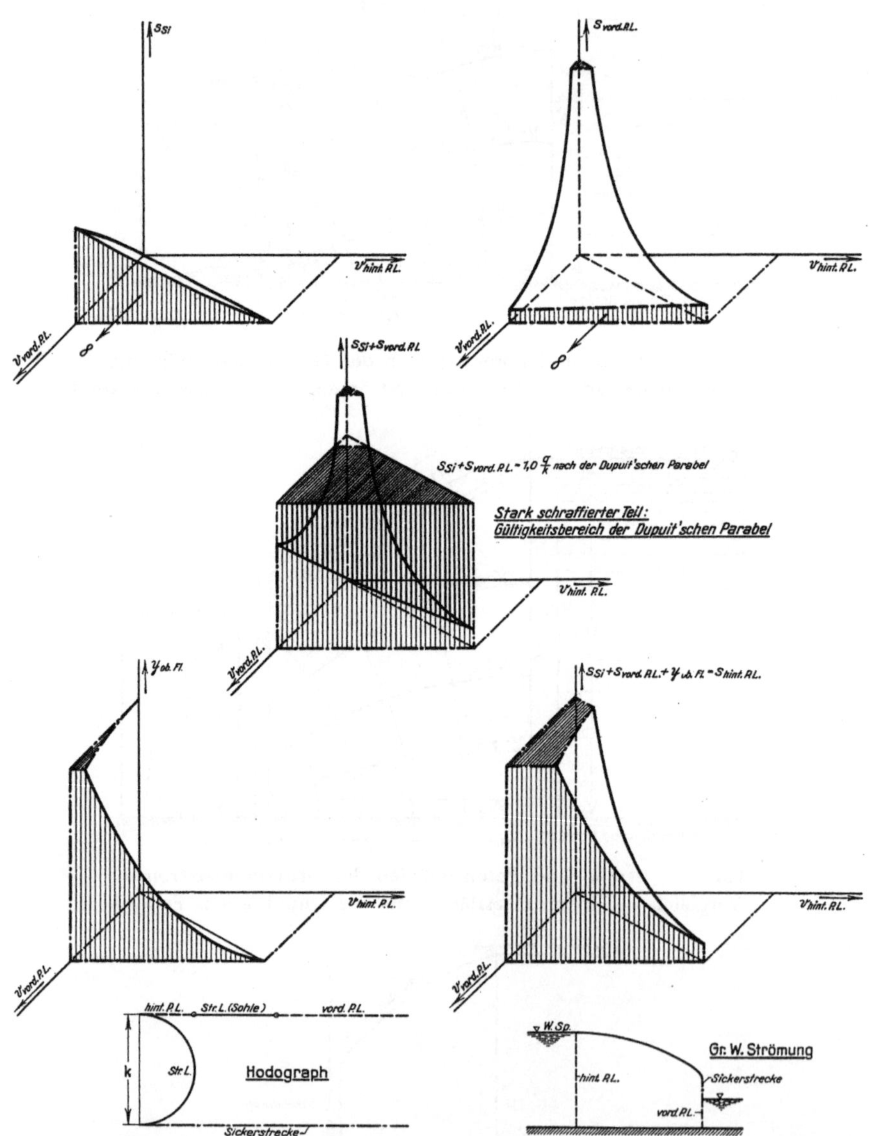

Abb. 89. Darstellung der etwaigen Längen von Sickerstrecke, vorderer Potentiallinie, Y Oberfläche bei Durchsickerung eines Dammes mit lotrechten Böschungen über undurchlässiger Sohle.

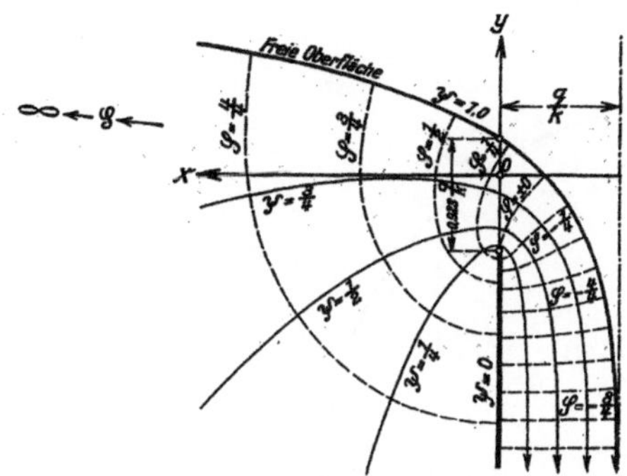

Abb. 90. Strom- und Potentiallinien
der Grundwasserströmung.

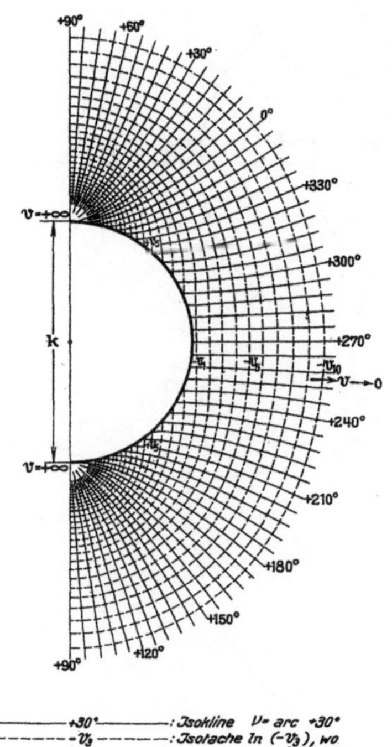

Abb. 91. Isoklinen und Isotachen
der Bildströmung im Hodograph.
Netzabstand = arc 6⁰.

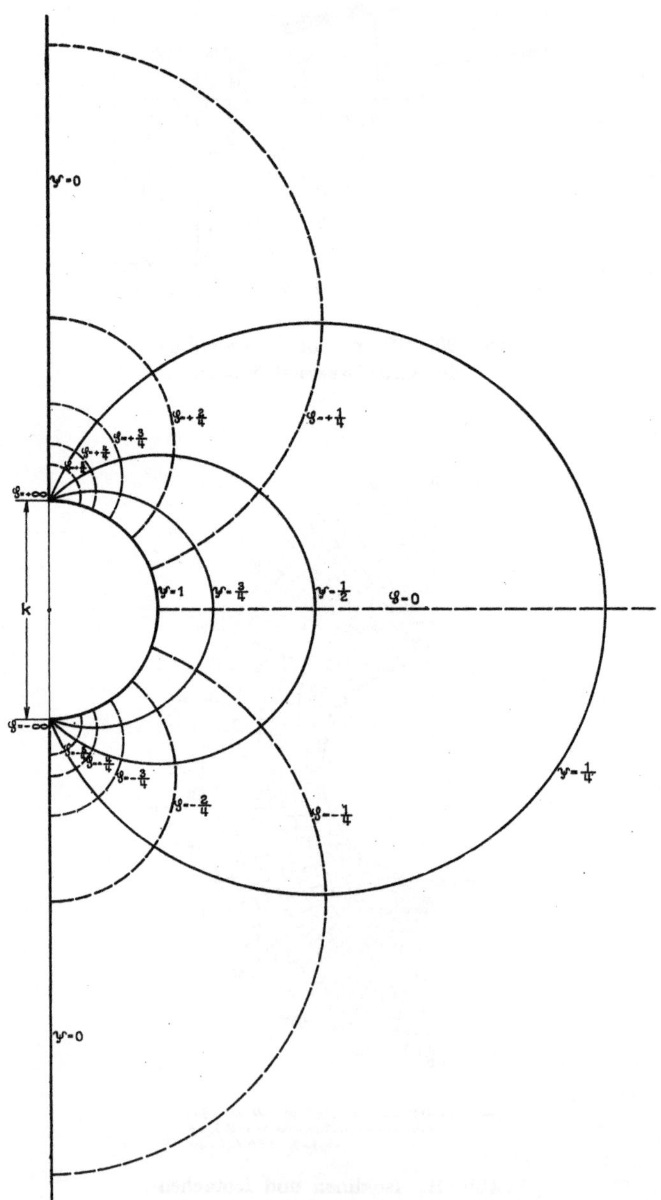

Abb. 92. Strom- und Potentiallinien im Hodograph.

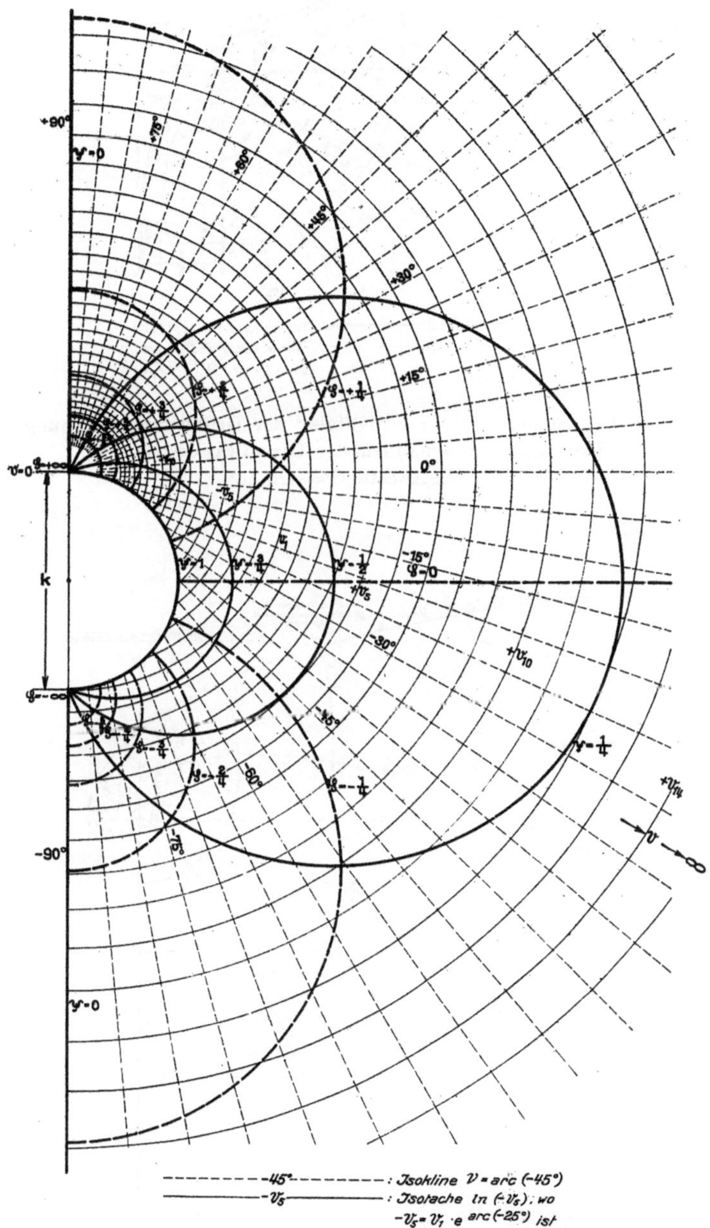

Abb. 93. Strom- und Potentiallinien im Hodograph.
Isoklinen- und Isotachen-Netz der Grundwasserströmung (z-Ebene)
abgebildet im Hodograph (w-Ebene). Netzabstand = arc 5⁰.

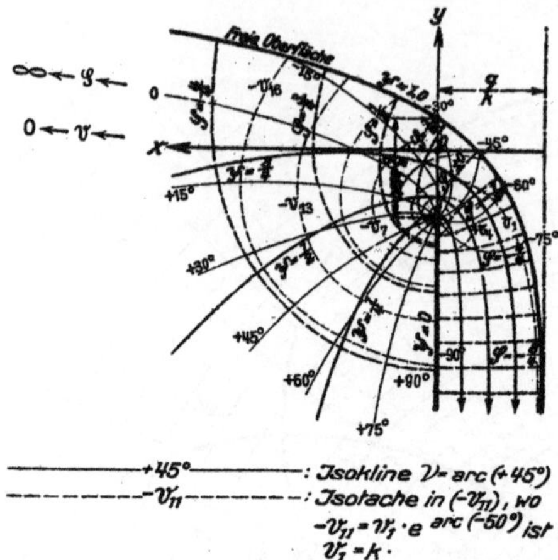

Abb. 94. Strom- und Potentiallinien der Grundwasserströmung.
Isotachen und Isoklinen der Grundwasserströmung.
Netzabstand = arc 15⁰.

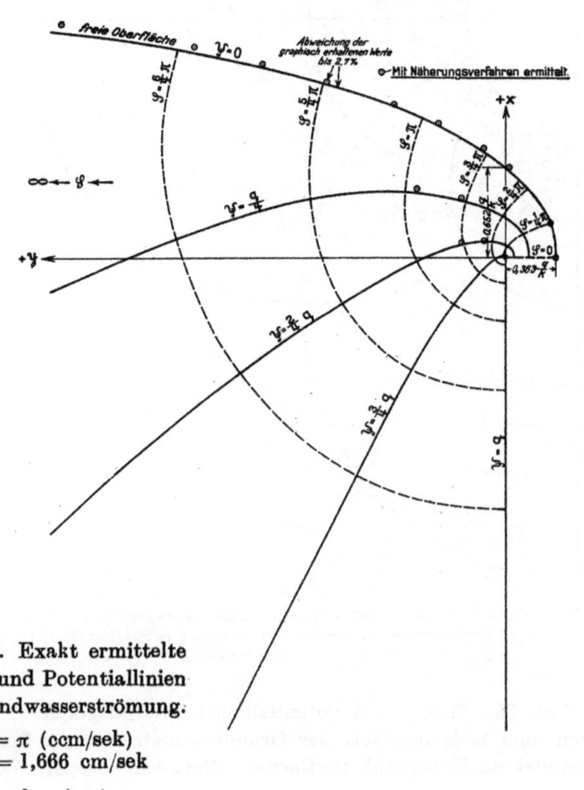

Abb. 95. Exakt ermittelte
Strom- und Potentiallinien
der Grundwasserströmung.

$$q = \pi \ \text{(ccm/sek)}$$
$$k = 1{,}666 \ \text{cm/sek}$$
$$\frac{q}{k} = 6 \ \pi \ \text{(cm)}$$

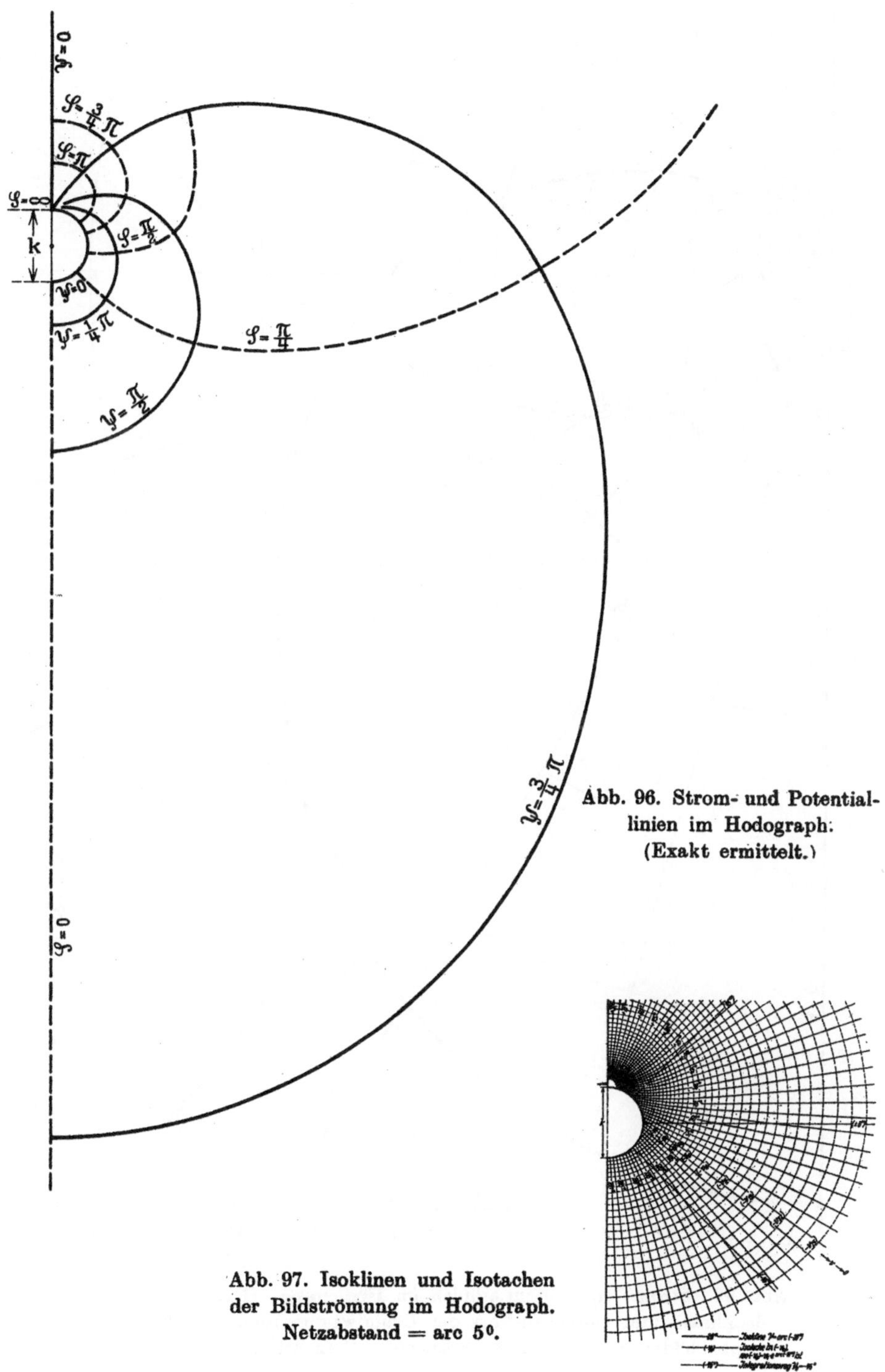

Abb. 96. Strom- und Potentiallinien im Hodograph:
(Exakt ermittelt.)

Abb. 97. Isoklinen und Isotachen
der Bildströmung im Hodograph.
Netzabstand = arc 5°.

Abb. 98.

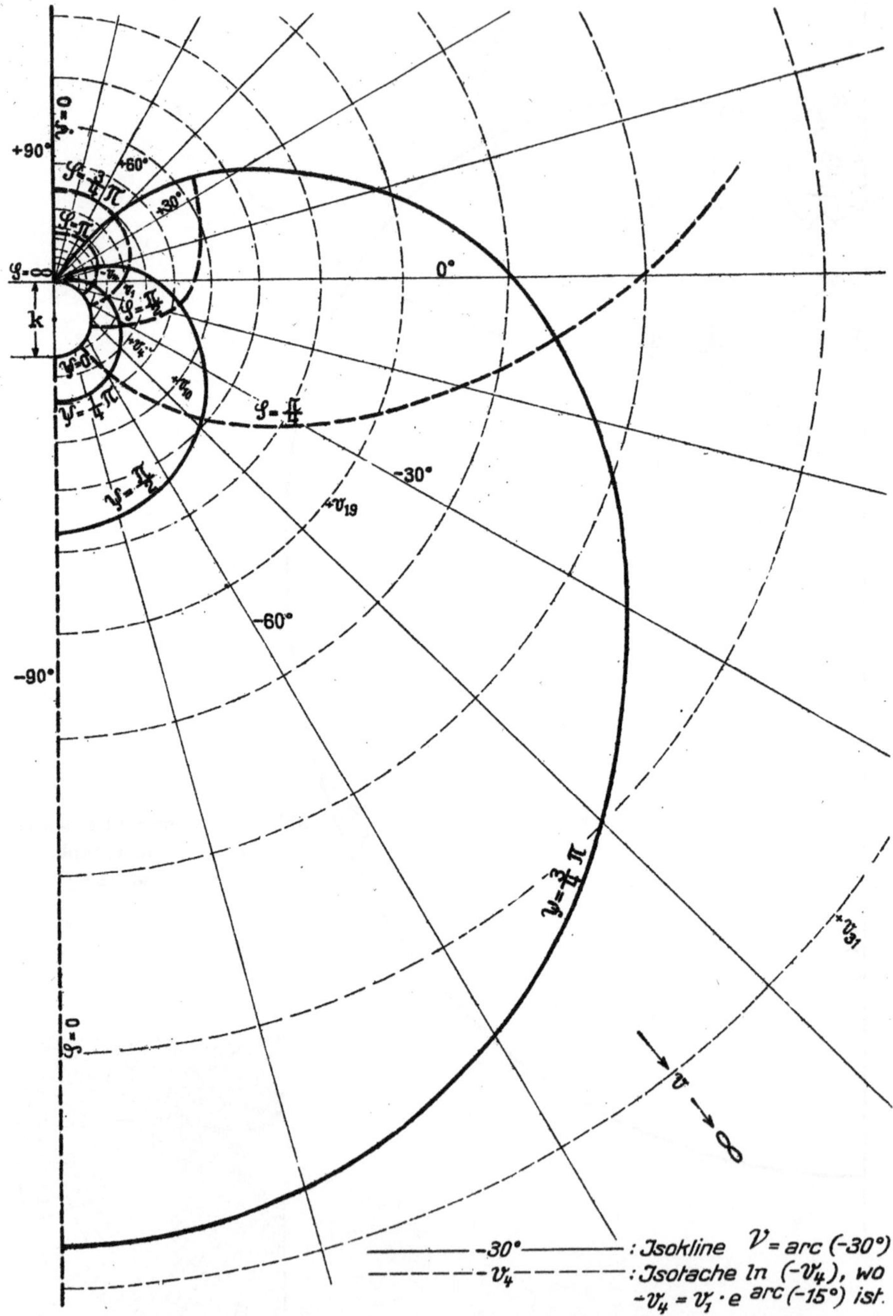

————— -30° —————— : Jsokline $\mathcal{V} = arc\ (-30°)$
— — — v_4 — — — — : Jsotache $ln\ (-v_4')$, wo
$-v_4' = v_1' \cdot e^{\,arc\,(-15°)}$ ist.

Abb. 98. Strom- und Potentiallinien im Hodograph. (Exakt ermittelt.)
Isoklinen- und Isotachen-Netz der Grundwasserströmung (z-Ebene)
abgebildet im Hodograph (w-Ebene). Netzabstand = arc 15°.

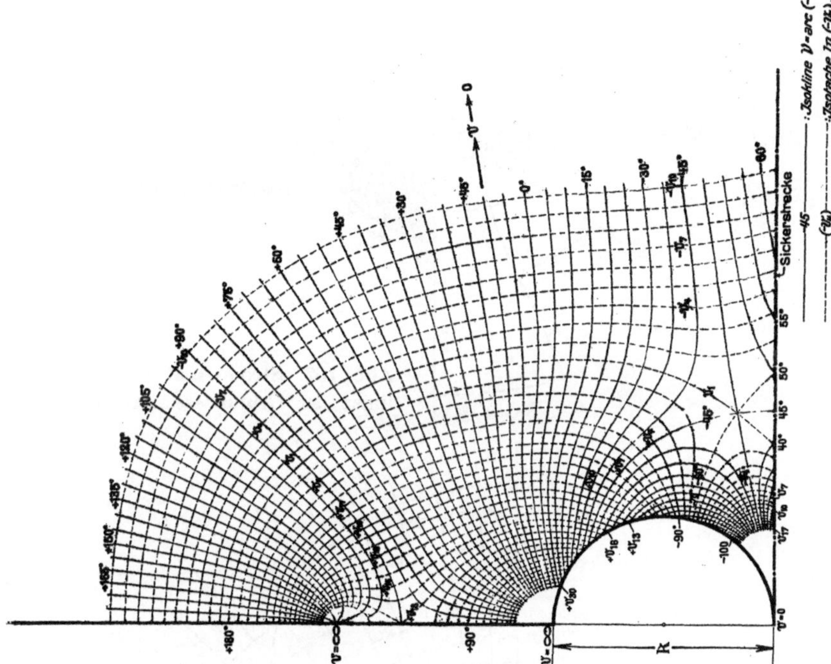

Abb. 100. Isoklinen und Isotachen der Bildströmung im Hodograph.
Netzabstand = arc 5°.

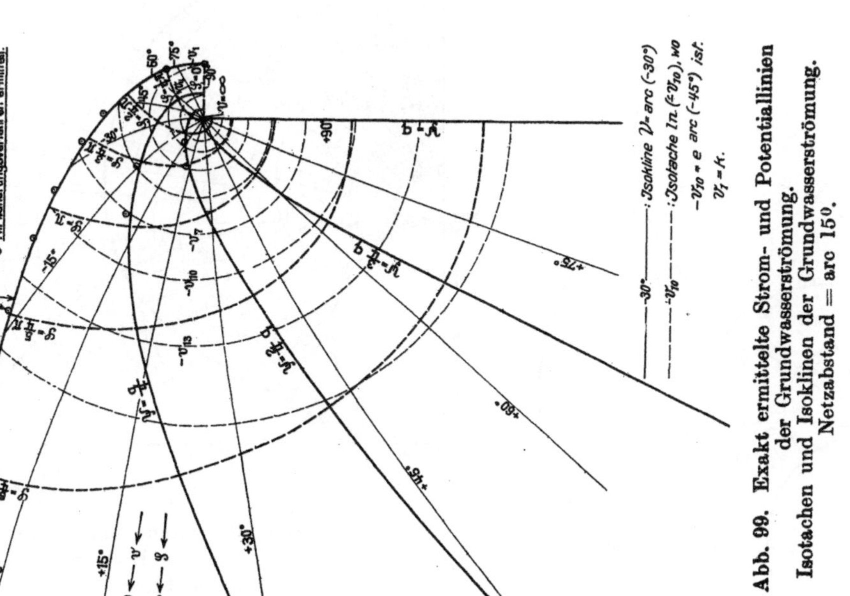

Abb. 99. Exakt ermittelte Strom- und Potentiallinien der Grundwasserströmung.
Isotachen und Isoklinen der Grundwasserströmung.
Netzabstand = arc 15°.

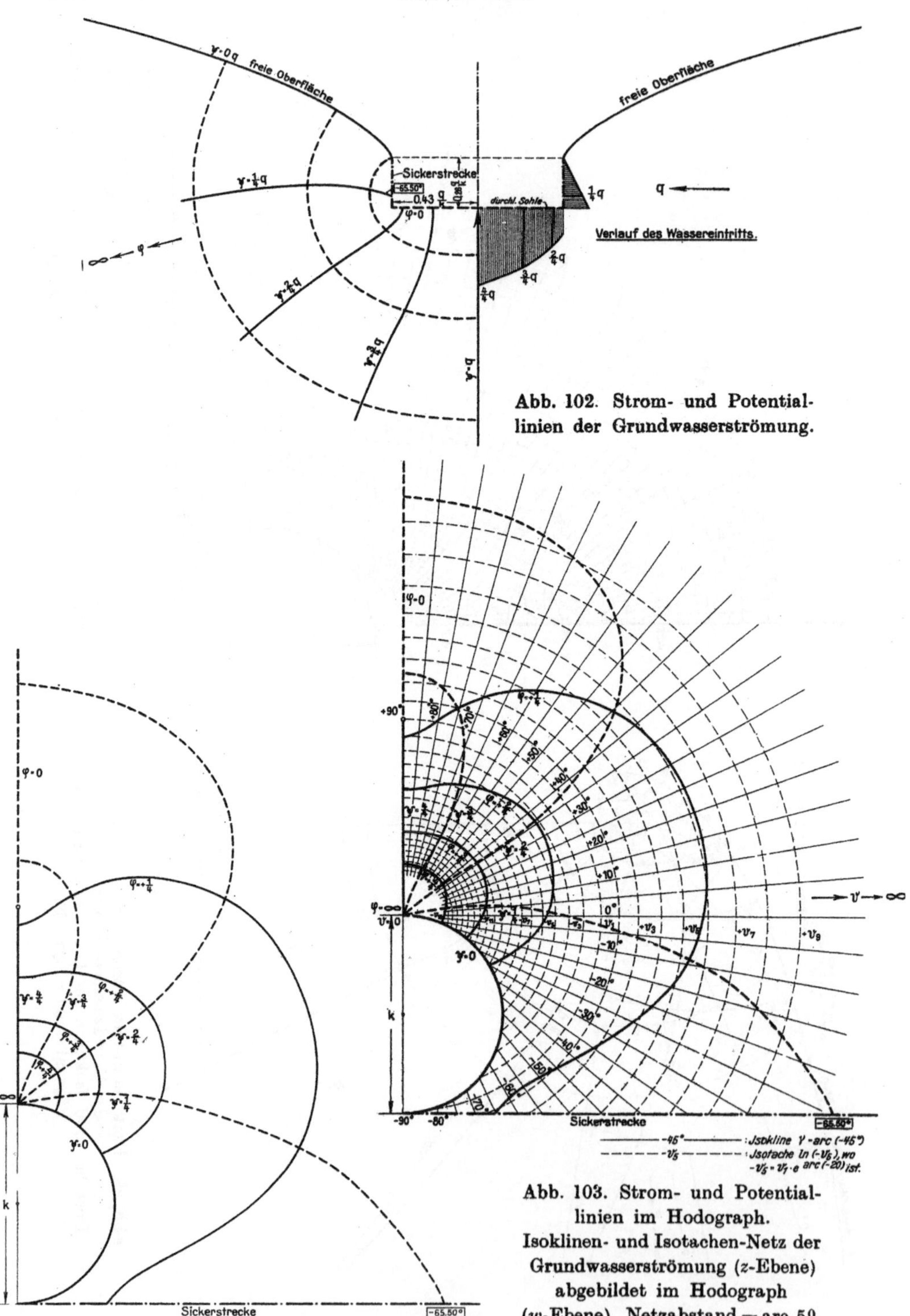

Abb. 102. Strom- und Potentiallinien der Grundwasserströmung.

Abb. 103. Strom- und Potentiallinien im Hodograph.
Isoklinen- und Isotachen-Netz der
Grundwasserströmung (z-Ebene)
abgebildet im Hodograph
(w-Ebene). Netzabstand = arc 5°.

Abb. 101. Strom- und Potentiallinien im Hodograph.

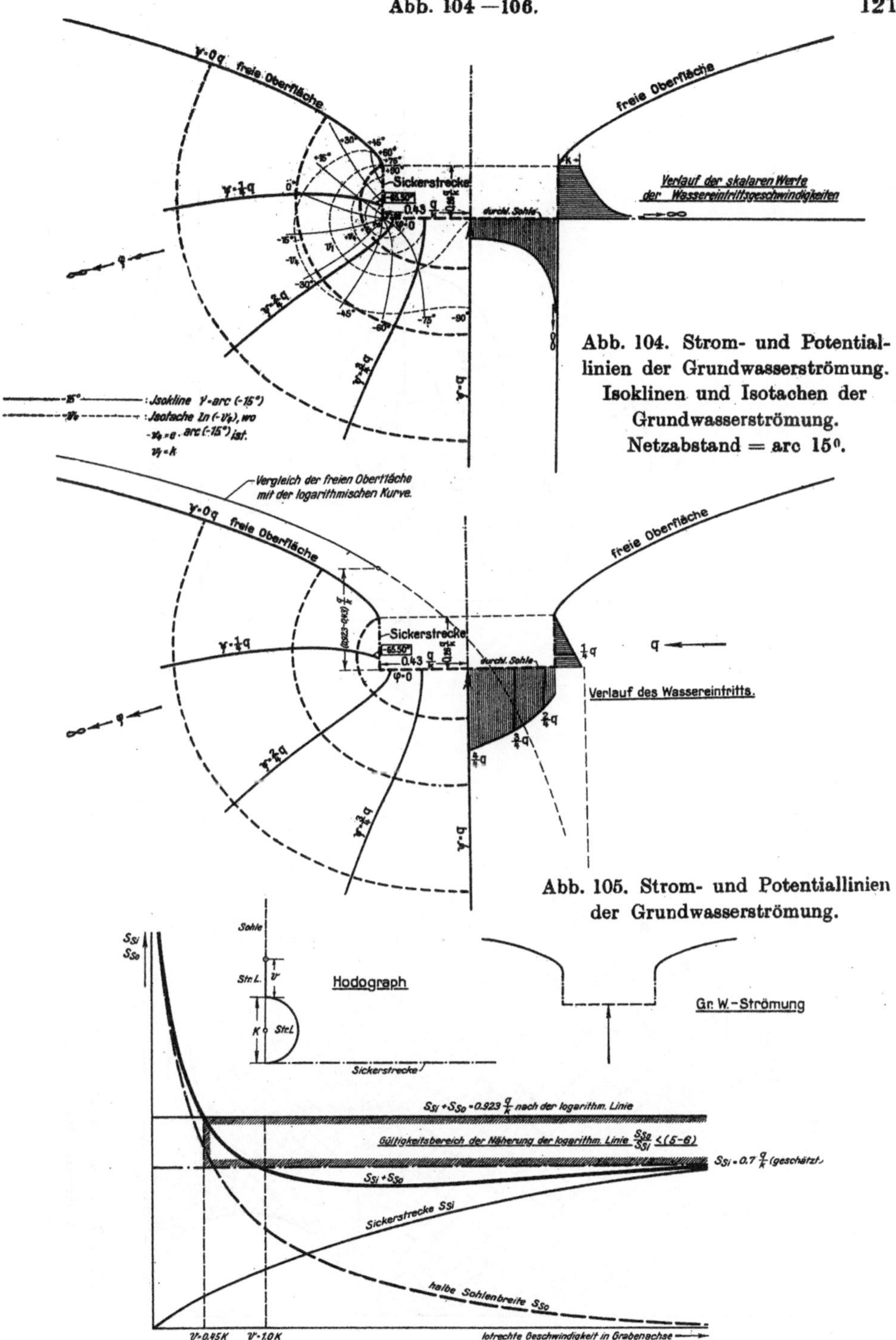

Abb. 104. Strom- und Potential-
linien der Grundwasserströmung.
Isoklinen und Isotachen der
Grundwasserströmung.
Netzabstand = arc 15°.

Abb. 105. Strom- und Potentiallinien
der Grundwasserströmung.

Abb. 106. Darstellung der etwaigen Längen von Sickerstrecke und halber
Sohlenbreite bei Zuströmung aus dem Unendlichen zu einem lotrechten
Graben mit durchlässiger Sohle.

Abb. 107 u. 108.

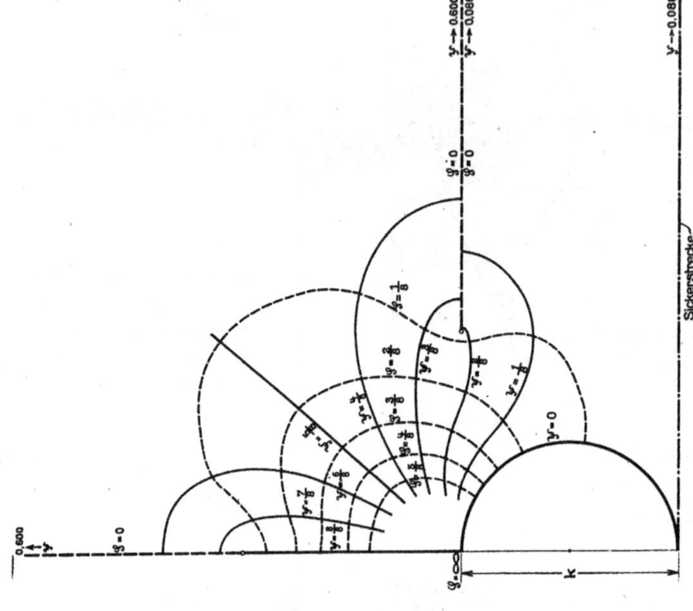

Abb. 108. Strom- und Potentiallinien im Hodograph.

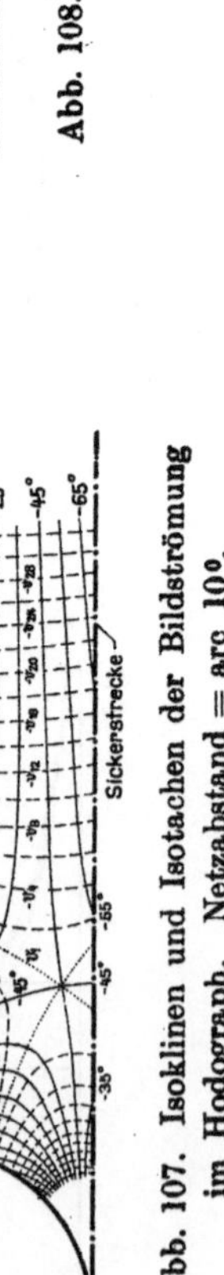

Abb. 107. Isoklinen und Isotachen der Bildströmung im Hodograph. Netzabstand = arc 10°.

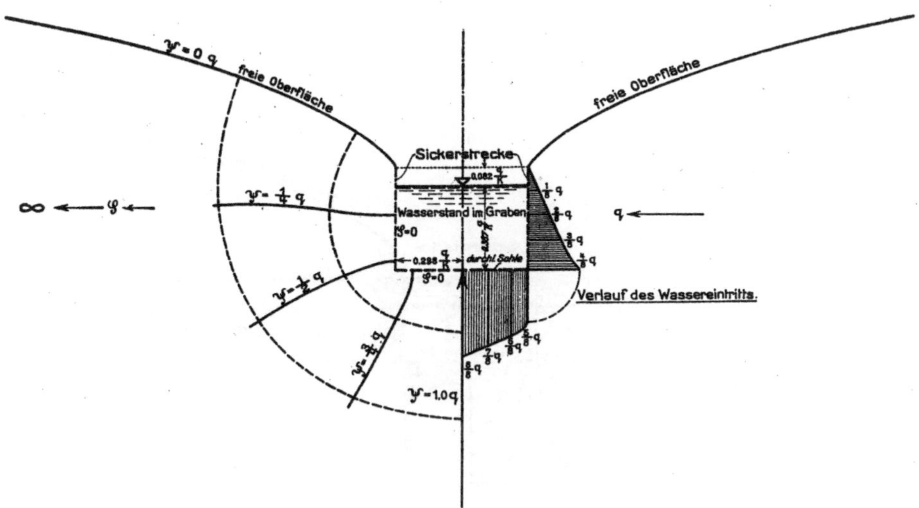

Abb. 109. Strom- und Potentiallinien der Grundwasserströmung.

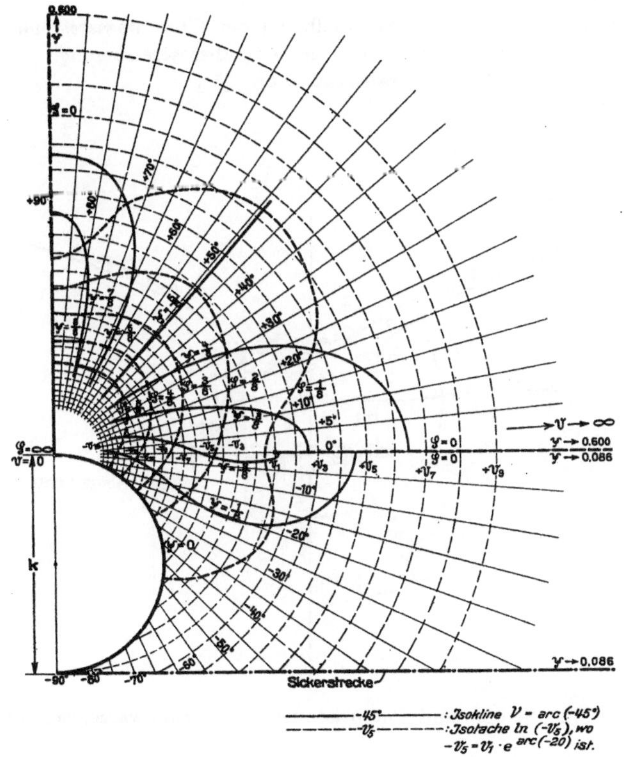

Abb. 110. Strom- und Potentiallinien im Hodograph.
Isoklinen- und Isotachen-Netz der Grundwasserströmung (z-Ebene)
abgebildet im Hodograph (w-Ebene).   Netzabstand = arc 5°.

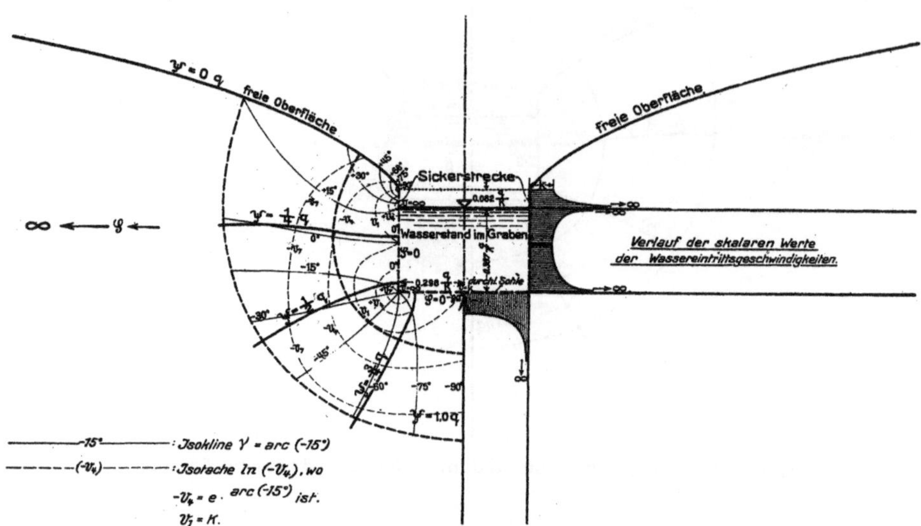

Abb. 111. Strom- und Potentiallinien der Grundwasserströmung.
Isoklinen und Isotachen der Grundwasserströmung.
Netzabstand = arc 15°.

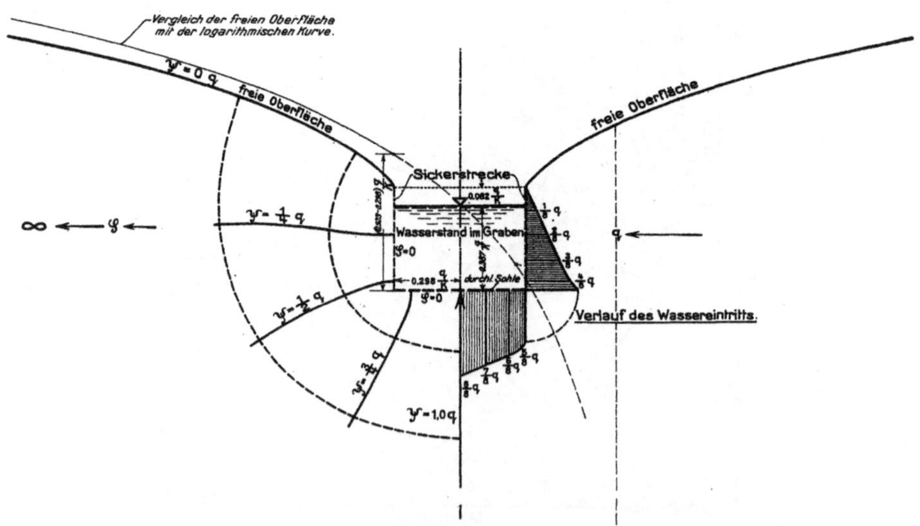

Abb. 112. Strom- und Potentiallinien der Grundwasserströmung.

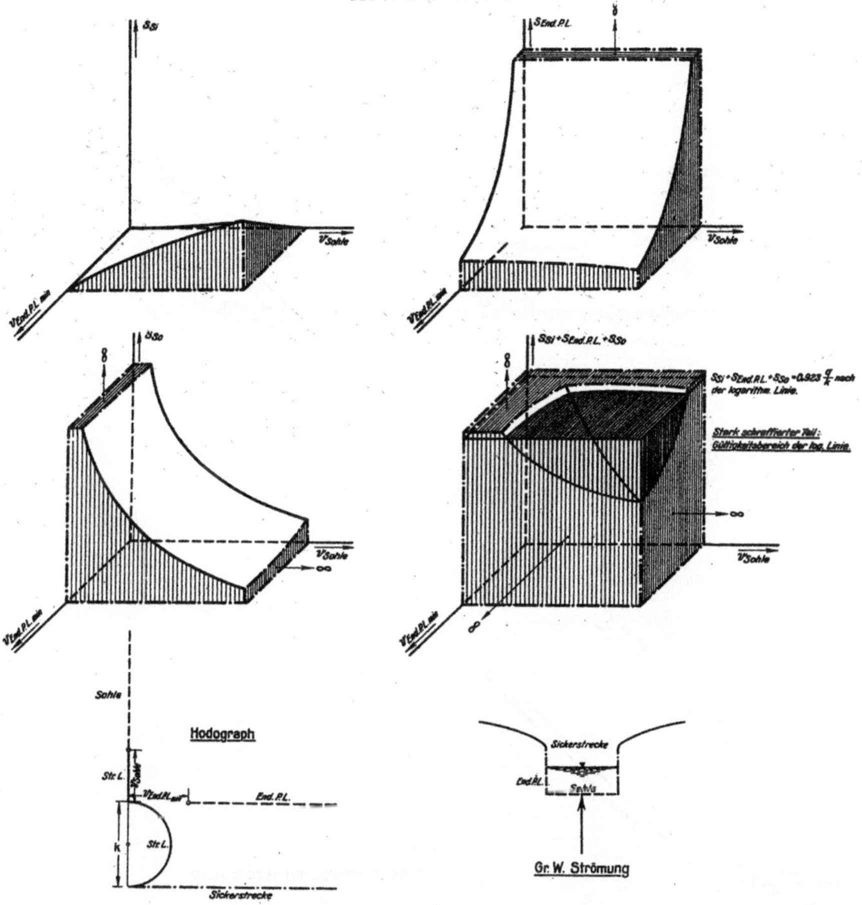

Abb. 113. Darstellung der etwaigen Längen von Sickerstrecke, Endpotentiallinie und halber Sohlenbreite bei Zuströmung aus dem Unendlichen zu einem lotrechten Graben mit durchlässiger Sohle.

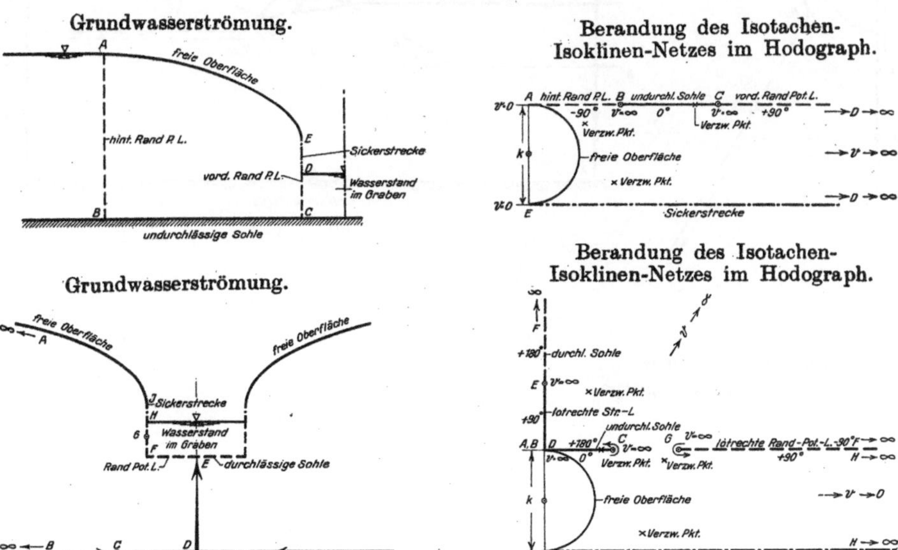

Abb. 114.

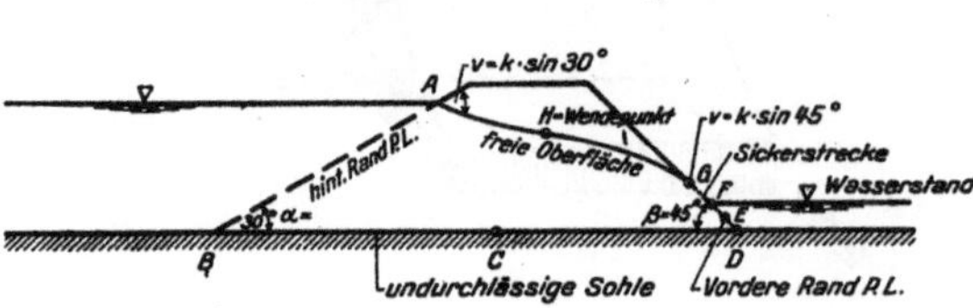

Grundwasserströmung.

Abb. 115.

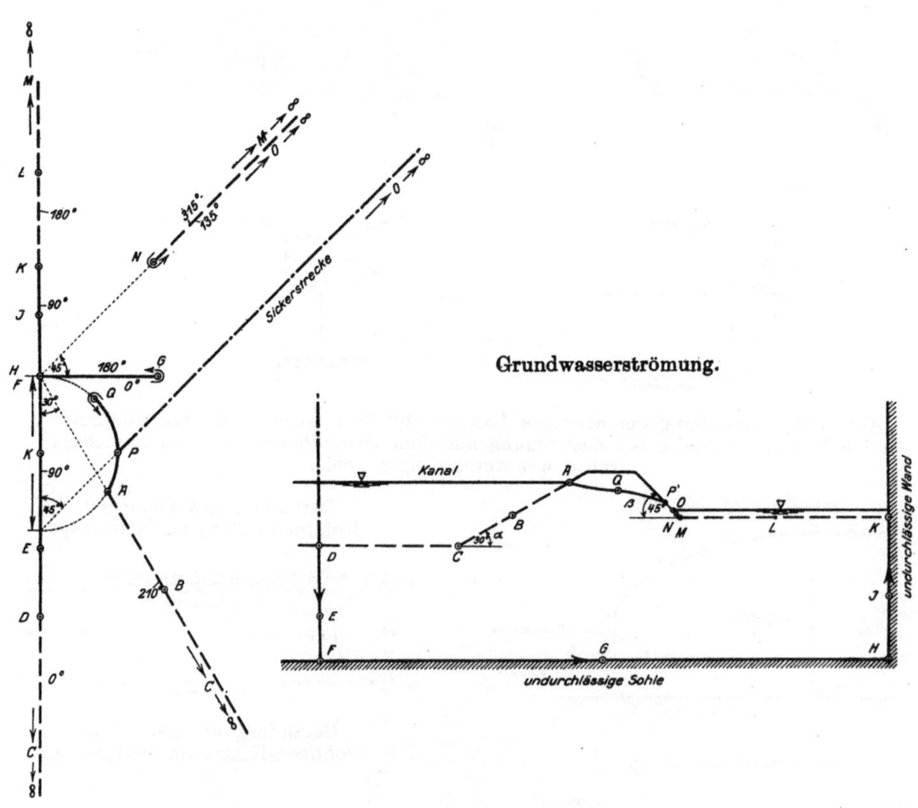

Berandung des Isotachen-
Isoklinen-Netzes im Hodograph.

Abb. 116.

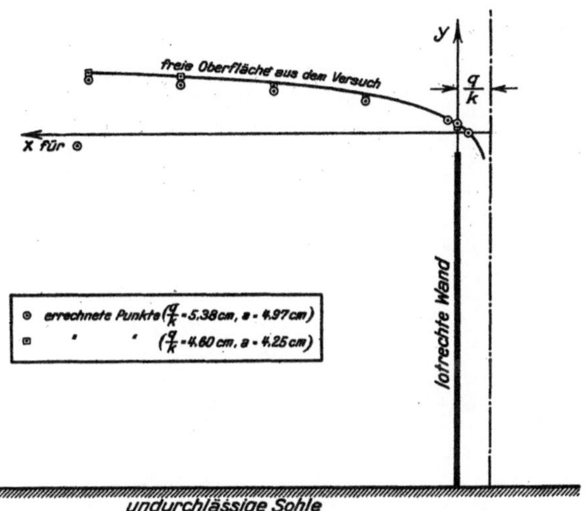

Abb, 117. Vergleich zwischen Rechnung und Versuch.
Maßstab 1 : 12,5.

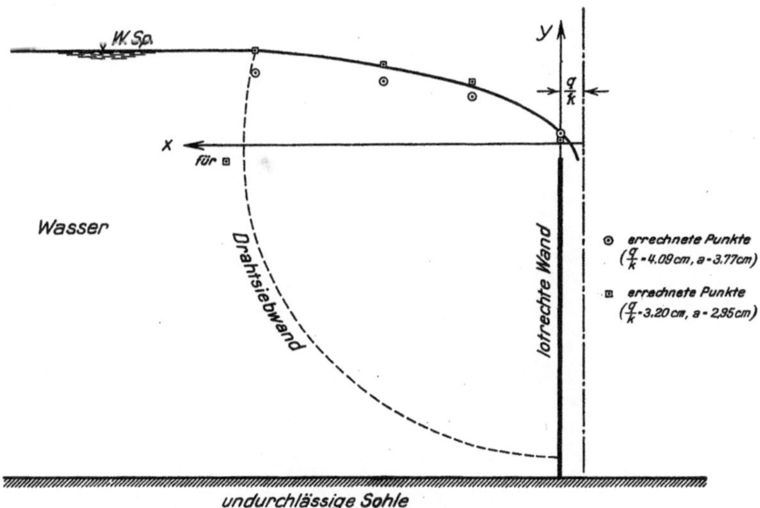

Abb. 118. Vergleich zwischen Rechnung und Versuch.
Maßstab 1 : 12,5.

Schwingungen in den Zuleitungs- und Ableitungs-kanälen von Wasserkraftanlagen. Wellenerscheinungen in offenen Kanälen, Wasserschlösser an Druckstollen. Von Ingenieur **Josef Frank**, Berlin, und Dr.-Ing. **Josef Schüller**, Eger. Mit 151 Abbildungen im Text und auf einer Tafel. VII, 200 Seiten. 1938.   RM 27.—; Ganzleinen RM 28.80

Wasserkraftanlagen. Herausgegeben von Professor Dr.-Ing. Dr. techn. h. c. **Adolf Ludin** VDI, Berlin.

1. Hälfte: **Planung, Triebwasserleitungen und Kraftwerke.** Mit 601 Abbildungen im Text und auf einer Tafel. XVIII, 516 Seiten. 1934.

Halbleinen RM 33.30

2. Hälfte, 1. Teil: **Talsperren.** Staudämme und Staumauern. Bearbeitet von Professor Dr.-Ing. **Friedr. Tölke** VDI, Berlin, unter Mitwirkung von Professor Dr.-Ing. Dr. techn. h. c. **Adolf Ludin** VDI, Berlin. Mit 1189 Abbildungen im Text. XI, 734 Seiten. 1938.   Halbleinen RM 77.85

2. Hälfte, 2. Teil: **Wehre, Hochwasserentlastungs- und Betriebsanlagen der Talsperren.**   In Vorbereitung

(Handbibliothek für Bauingenieure, III. Teil, Bd. 8, 9 u. 10.)

Grundriß der Wildbachverbauung. Von Hofrat Ing. **Georg Strele**. Mit 150 Textabbildungen. IX, 279 Seiten. 1934. (Springer-Verlag, Wien.)

RM 24.50

Die geologischen Grundlagen der Verbauung der Geschiebeherde in Gewässern. Von Professor Ing. Dr. phil. **J. Stiny**, Wien. Mit 40 Textabbildungen. VI, 121 Seiten. 1931. (Springer-Verlag, Wien.)   RM 13.—

Geschiebebewegung in Flüssen und an Stauwerken. Von Professor Ing. Dr. techn. **Armin Schoklitsch**, Brünn. Mit 124 Abbildungen im Text. IV, 108 Seiten. 1926. (Springer-Verlag, Wien.)   RM 8.70

Kanal- und Schleusenbau. Von Reg.- u. Baurat **Friedrich Engelhard**, Oppeln. (Handbibliothek für Bauingenieure, III. Teil, Bd. 4.) Mit 303 Textabbildungen und einer farbigen Übersichtskarte. VIII, 262 Seiten. 1921.

Halbleinen RM 7.65